NAKAJIMA TAKASHI
中島 隆

愛・自由・平等
心やさしき闘士たち

TENGAの革命

論創社

愛・自由・平等　心やさしき闘士たち

TENGAの革命

愛・自由・平等　心やさしき闘士たち　［目次］

プロローグ

ある年の七夕のことでした。

夜空のずっと向こうで、織姫と彦星が、一年に一度の逢瀬を楽しんでいました。

彦星が、織姫に言いました。

「織姫、あっちを見てごらん。あのずーっと向こうに、小さな青い星があるよね」

「地球でしょ。そこに、日本という国があるのよね」

「日本の人たちは、七夕の日に、星に願いをかけてきたよね」

「私たち、七夕の日に、いっしょに、ずーっと見守ってきた。願いがかなった方が、たくさんいらしたわ」

願いがかなった人たちのことを、ふたりはうれしそうに話していました。そして、彦星が話を変えます。

「ところで、織姫。2005年の七夕に、ある人が、自分の思いを込めて、ある商品を売り出したよね。覚えてるかい？」

「えーっと、誰だったかなあ……。思い出した！　自動車の整備をしていた男の人だった」

「彼の始めたことが、日本、いや、あの地球中に広がっているんだ」

「七夕に始めて良かった、と思ってくれていたらうれしんだけど」

「ぼくたちで、これからも見守っていこう」

な〜んて会話が、夜空の向こうでなされたとか、なされなかったとか。

◇

2005年7月7日、株式会社「TENGA」から、TENGAが売り出されました。

男性用のマスターベーション用のグッズです。

プロローグ

ほとんどの大人は、存在だけなら知っているはずです。

つくった人物は、松本光一さん。織姫と彦星の会話に出てきたように、もともとは自動車の整備士をしていた男性です。

彼は、星に、こんな願いをかけました。

「性を表通りに、誰もが楽しめるものに変える」

アダルト業界では、5千個売れればヒット商品、とされていました。ところが、一年で、な〜んと100万個も売れました。

それからも快進撃をつづけています。世界60カ国以上で売れています。3秒に1個のペースで売れています。

そして、女性向けのグッズも出しました。そのブランド名は、iroha（いろは）。

これも、世界中に出ています。

メード・イン・ジャパンな製品といえば、思い出すのは、自動車や化粧品とかでした。

けれど、TENGA、そして、irohaは、知る人ぞ知る、メード・イン・ジャパンな製品なのです。あまりに売れているので、ベトナムに工場があります。

日本で開発したという安心感と、性能への期待感。それを満足させているからこそ、多くの支持を得ています。

はじめは、アダルトショップやビデオ店での販売だけでした。ドラッグストア、コンビニなどでも買えるようになりました。そして2019年には、東京と大阪のデパートでの販売が始まりました。多くの人が買っています。

現状だけをみると、順風満帆に見えます。けれど、そこにいたるまで、TENGAの人たち、とりまく人たちが、数知れぬ悔し涙を流してきたのです。

悔し涙の理由を探りました。できれば書きたくない熟語、しか思いつきません。

偏見、拒否、侮蔑、嘲笑……

でも、みなさんは、あきらめませんでした。そして、それぞれに、心の中で叫んだのです。

「フォロー・ミー（私につづけ）」

マスターベーション。それは、男も女も、しています。するもしないも、個人の自由です。開けっぴろげに言うのも、黙っているのも自由です。

でも、この社会では、その自由が認められているでしょうか。

性のことを口にするのは、はしたない、不謹慎だ。

自慰なんて、はしたない、不謹慎だ。

愛が伴う性の営みは、美しいです。おたがいにパートナーを尊重し合うことは、すばらしいです。けれど、その愛につつまれていても、マスターベーションをしたくなることはあるはずです。そして、愛の伴わない一方的な激情を覚えたとき、マスターベーションは心を抑える砦《とりで》となります。

でも、この社会、愛が希薄になっていませんか？　SNS上では、自分より弱い者に醜悪な言葉を浴びせています。パワハラ、セクハラも後を絶ちません。

平等。マスターベーションは、老若男女、誰にもする権利があります。身体に障がいがある方にも、権利があります。いわゆるLGBTの人たちにも権利があります。

すべての人に、等しく権利があります。

でも、この社会に、平等はありますか？

男がするのは仕方がない、でも、女性がするのは、はしたない。障がいがある方に、性欲はない。そう思いこんでいませんか？　障がい者を聖人君子扱いしてきていませんか？

「性を表通りに、誰もが楽しめるものに変えていく」

このＴＥＮＧＡが掲げるビジョンは、愛、自由、平等を追い求めていくという宣言にほかなりません。

社会を変える革命です。ただし、誰も血を流さない、傷つくことのない、心やさしい革命です。

◇

株式会社「ＴＥＮＧＡ」。東京の港区に本社があります。なぜＴＥＮＧＡなのかというと、正しく整い上品な様をあらわす「典雅」、それをアルファベットにしたからです。

社員は２０１９年夏の時点で、１００人ほど。みんな、革命の闘士です。そして、ＴＥ

ＮＧＡとかかわる流通業者、お医者さん、ＮＰＯの人たちも、闘士です。

すべての闘士は、大まじめに、正直に、そして、笑顔とユーモアを交えて、闘っています。

さあ、闘士のみなさんに会いに行きましょう。まずは、だれに……。

闘士と言われて思い出すのは、「私に続け」と人々を勇気づけた少女のことです。

そうです、ジャンヌ・ダルクたちに会いに行きましょう。

第一章

ジャンヌ・ダルクたち

ＴＥＮＧＡという名は、世の中に浸透してきました。その原動力の一つは、女性広報たちのがんばりにありました。

雑誌の編集者などに、ＴＥＮＧＡを売り込みます。

「ＴＥＮＧＡのことを記事にしていただけませんか？」

編集者は、たいてい、男です。露骨に聞かれたことがあります。

「きみは、いつセックスしているの？」

大きなお世話です。表向きは、ニッコリして、右から左へ受け流します。

こんなことを露骨に聞いてくる編集者もいます。

「きみは、マスターベーション、してるの？」

ＴＥＮＧＡのグッズをＰＲしているのですから、そう聞いてくるのは覚悟のうえです。

本当は、そんな質問をすることを許してはいけないのですが……。

自分の人格を否定されるような取り上げられ方をされては、たまりません。表向きは、ニッコリ。そして、受け流します。

聞かれなくても、男たちの目がそう聞いている場合があります。

スマイル、スマイル、スマイル。

彼女たちは、自分に言い聞かせます。

悪気はないのかもしれません。でも、性にかかわることを仕事にしている女性は何を言われても仕方がないという考え方、それが、男社会の根底にあるのでしょう。

「エロい女」

そんな書き方もされたことがあります。心の中で叫びます。

〈エロい上等！　でも、私たちは性の道具ではない！〉

テレビに出たとき、仮面をつけさせられたことがありました。

男たちは、仮面舞踏会に参加する恋多き女のような存在として、想像をたくましくするのが好きなのでしょうか？

それとも、恥ずかしいだろうから、という配慮なのでしょうか？

私たちはふつうの女です。そして、恥ずかしくなんかありませんから！

女性にも、言われました。

「男たちからへんな視線で見られても、それは仕方ないこと。そんな仕事をしている方が悪いんだ」

「男に襲われても、文句は言えないよ」

どこかで聞いたような話です。痴漢される方が悪いんだ、セクハラされる方が悪いんだ。その論理と同じです。そんな風に言ってしまう女性のみなさん、考え方を変えましょう。みなさんの言葉が、女性を生きづらくさせてしまうんです。

ＴＥＮＧＡの女性広報たちは、自分たちを否定してくる女性たちに言ってきました。

女性だって、性のことを堂々と話していいんだよ。というか、話すも話さないも、自由なんだよ。

女性だって、性を楽しんでいいんだよ。はしたないことじゃないんだよ。

ある女性広報は、ＴＥＮＧＡの広報をしている自分と、ふだんの自分を分けて考えることにしました。自分に、こう言い聞かせたのです。

〈私という人格に言われているんじゃない〉

ある女性広報は、傷つくことを通り越しました。

〈傷ついていてはダメ。前を向いて、話をしていかないと。心の中で怒っていかないと。

いつまでも、世の中は変わらない〉

彼女たちは、自分の意思で、ＴＥＮＧＡの世界に飛び込みました。だから、覚悟を決めています。けれど、人間、簡単に割り切れるものじゃあ、ありません。

でも、彼女たちの努力が、実を結んでいきます。共感してくれる人が、男も女もたくさんいて、着実に増えています。ＳＮＳなどで応援してくれています。

そんな人たちの声援を背に、いつも笑顔で、心の中では歯を食いしばっています。

〈男も女も、みーんな自由に平等に、性を楽しめる社会にするんだ！〉

でも、彼女たちは性のことばかりを考えてきたわけではありません。大学でまったく関係ない勉強をしたり、友だちと語り合ったり。ありふれた学生でした。

大学を卒業し、社会人としての経験も、いろいろ。

そして、ＴＥＮＧＡに巡り合い、引き込まれていくのです
この章では、心やさしき「ジャンヌ・ダルクたち」を語ります。

◇

２０１９年の春にステップアップを考えてＴＥＮＧＡを退社。それまでの４年間、ＴＥＮＧＡの広報の中心をしてきたのが、工藤まおり、である。

１９９２年、東京は下町の生まれ。父と母は公務員だった。

工藤は、数学が得意、とくに図形の証明問題が大好きだった。

〈どうだ、証明したぞ、文句ないだろ〉

数学の有無を言わさないところが、好き。安心だもの。

将来の夢は数学の教師。津田塾大学の数学科に進んだ。女性教育の先駆者、津田梅子がつくった、この大学。自分の力で未来を切り開くんだという女性が、たくさん巣立っている。

「津田塾で、幾何学の『結び目理論』を学びました」

あのー、すみません。私（この本の筆者のことです）、思いっきり文系なんで、ちんぷんかんぷんなんですが……。

「ひもでつくった、いくつもの複雑な結び目があったとします。その結び目は、ほどくことができるものかどうか。それを数学で解明するんです」

そんなこと、できるんですか？

「数式に落としこんで計算し、ゼロになったらほどけます。ゼロにならなければ、ほどけません」

工藤の親は、彼女に「高校を卒業したら自分で生きろ」という姿勢だった。なので、大学の授業料や通学にかかる交通費は、奨学金とバイト代で稼がなくてはならない。数学科の授業は、めいっぱいある。なので、夜、バーやスナックなどの飲食業界でバイト。有名進学塾で、小学生と中学生に数学を教えた。

「軟派と硬派の仕事をしたので、足して2で割れば、ふつうのバイトをしたということになりませんか？」

さすが、数学好き、足し算と割り算である。

下ネタが好きだった。飲食のバイト先でお客や友人と盛り上がっていた。学校の先生になろうと思っていたが、思い直した。

〈わたし、ぜったい学校でセックスの話とかしそう。保護者の方たちからクレームがきて問題になるな。ダメだこりゃ〉

学校でしっかりした性教育をすることは必要だ。けれど、理解してくれる人ばかりじゃない。そして、おそらく、工藤は調子に乗って、ぺらぺらしゃべって……。

あらためて進路を考えた。自分が好きなこと、楽しいことをして生きようと思った。

大学3年のころ、バーの常連さんに、よく言われていた。「ありがとう、あしたからがんばれる」と。

工藤は思った。

〈世の中には、仕事で疲れている人が多い。私が介入し、楽しく働いていける人を増やしたい〉

働く人のために働こうと、リクルートに入った。配属された部署で、工藤は気軽に性の話をしていた。同僚たちも、オープンに話をした。リクルート、さすがである。

工藤は、ＴＥＮＧＡの女性用ブランド「ｉｒｏｈａ」の製品を使っていた。製品の写真を見せると、同僚たちは大盛り上がり。

入社して1年ぐらいのとき、上司との面談で言われた。

「キミの目は、アダルトグッズの話をしているときがいちばん輝いている」

工藤、ひらめきます。

〈それだ！　一番したいことは、性にかかわる仕事だ〉

工藤は親に、「女性がマスターベーションをするのはいけないこと」、と教えられていた。

「それは違う」と教えてくれたのは、TENGAという会社だった。そして、TENGAが出している女性用グッズ、ｉｒｏｈａだった。

リクルートを辞めて、TENGAに入ろう。TENGAという文化を世の中に広めることができるのは……、広報かな。

社員募集の要項を見た。

「広報経験、3年以上」

営業の経験が1年あるだけ。ダメだこりゃ。でも、あきらめたくない。

正式なルート以外を探した。ある勉強会に顔を出していたが、主催していた人がTEN

GAとのパイプを持っていると分かった。面接だけでも受けさせてもらいたいと頼んだ。

そして、2014年、広報担当としてTENGAに入社した。ホームページに登場する社員として、取材の対象者として、工藤は表に出た。

「マスターベーションは、ふつうの行為です」

そう話しつづけた。顔を出して話した。自分が顔を出して話をすることが、もやもやしている人たちを楽にするきっかけになれば、という思いからだ。

アダルトグッズをPRする女性広報は、おもしろおかしく取り上げられることが多かった。ネット上で、エロい女性、性的対象として見られることが多かった。

覚悟はしていた。けれど、たくさん傷ついた。つらい思いも数え切れないほどした。でも、工藤は言いつづけた。

「自分で自分の性欲をコントロールすることはイヤらしいことではありません。悪いことではありません。後ろめたいことではありません。セルフプレジャーはふつうの行為です」

セルフプレジャー。自分をよろこばせる、といった意味。オナニー、マスターベーションという言葉に抵抗がある女性に気軽に話をしてもらうための言葉だ。

ツイッターなど、SNSでも発信しつづけた。

その反応。はじめは、ほとんど、工藤を性的対象としか見ていなかった。けれど、共感してくれる人が増えてきた。

工藤は、男たちに向かっても発信しつづけた。

「あなたのパートナーが性に積極的な提案をしてきたら、引かないでください。おれの方が気持ちよくさせてやるのに、おれで満足できないのか、じゃないんです」

「あなたのパートナーと、ぜひ、TENGAの製品で楽しんでください。そして、セルフプレジャーをする女性を受け入れて下さい」

TENGAの広報になって2年余りたったとき、工藤に頼りになる相棒ができた。

◇

その相棒とは、西野芙美だ。

1989年、工藤と同じく、東京の下町に生まれた。父はタイル貼りなどの職人、母は信用金庫の事務をしている。

小さいころから、本が大好きだった。向かい合っている本は、自分を映す鏡のようなものだと感じていた。書いてあることについて自分はどう思うのかを知る、それは、自分はこういう人間なんだと理解することだ。

西野は、自分のことを、こう理解した。

〈自分は根拠のないことは受け入れたくない人間だ〉

なぜ学校にスカートの長さを決められなければならないの?

なぜ髪の長さを決められなくてはいけないの?

なぜ、なぜの少女に育った。

早稲田大学の文化構想学部で歴史を学んだ。

なぜ、いま当然のようにある決まり、規範ができたの?

それを勉強した。いま、何となく受け入れている規範だけれど、それは歴史の流れがあって、出来上がったものなんだ。それを痛感した。

そして、西野は自分のテーマを選んだ。

ナチズム

ドイツは第一次世界大戦に負け、ワイマール憲法という民主的な憲法をつくった。しかし、１９２９年、世界恐慌が起こってしまう。根無し草のように仕事を失った人たちが、増えていく。そこに、ドイツ人は強いんだという思いが、ヒットラー率いるナチスへの支持につながり……、いまわしい戦争、ユダヤ人迫害などの地獄の所業を引き起こしてしまう。

西野は言う。

「ユダヤ人を差別する論理に性をも利用する。それもナチズムの一面です」

説明すると少し長くなる。なので、この章のあとのコラムで説明します。

さて、大学で西野は、友人、知人、みんなに話しかけた。

「ナチズムって知ってる？」

少しは知っている、とみんな。二度とホロコーストのようなことを起こしてはならないよね、と。

けれど、ナチズムの性の話になると、みんな押し黙ってしまった。「女性はおしとやかでいなければダメでしょ」「あなたは、なぜ性の話なんかするの」などと言われた。

西野は、平気だった。

〈女性にも性欲がある。マスターベーションもする。それは生きている証しであり、ごく自然のことなんだ〉

なのに……。

〈女性の性についての古めかしい規範を、疑問を持たずに守っている。それって間違ってない？〉

西野は、性のことをいろいろ、堂々と話した。さらに、ジェンダーフリーについてもかじって、話をした。

ジェンダー。それは、男女の社会的、心理的な性別である。男は男らしく、女は女らしく。そんなものは取っ払ってしまえ、男女平等だよ！

それが、ジェンダーフリーという考え方である。残念ながら、日本には古い考え方を持っている権力者が多い。「トイレも男女いっしょなのか」「女子更衣室はいらないということとなのか」などとめちゃくちゃなことを言う。おまえは子どもかとつっこみたくなる大人が、たくさんいる。

西野は、大学で、まじめに話していた。引いていく人の多いこと、多いこと。けれど……。遠巻きに見ていた人が、ひとりになった西野に相談してくることがあった。たとえば、こんな相談だった。

「私、彼氏にこんなことをされている。どうしたらいい？」

西野は思っていた。

〈私のように性のことを話している人がいないと、誰にも相談もできずに苦しんだままだったんだね。それを放置してしまうと、どうなるかしら？〉

〈最初は小さな問題だったのに、大問題になるかもしれない。暴力、虐待、中絶。赤ちゃんを産んで放置してしまう事件も、あちこちで起こっている〉

〈そして、女性の自己肯定感が、どんどんそがれてしまう。新しいことに挑戦したいという気持ちさえ奪ってしまう。深刻な問題だ〉

この問題を解決するには、どうしたら……。やっぱり、本の力が必要だ。

西野は大学在学中から出版社でバイトをし、卒業して1年後、社員になった。そこで、書籍の広告をつくったり、コピーを書いたりしていた。

男社会である出版社で、イヤな思いをすることもあった。でも、性にかかわる本づくりにもかかわらせてもらった。けれど、若い人に、西野の思いは届かなかった。

書籍の対象は、どうしても年齢層が上になってしまう。本好きで読解力があって、知的な人に向けたもの、と思われてしまう。

〈私は若い世代に伝えたいんだ〉

あるとき、たまたま見ていた転職サイトで目に飛び込んできたのが、TENGAの求人広告だった。西野は高校生のとき、フリーペーパーの記事でその存在を知っていた。

これだ！　TENGAによって知識や問題点を伝えれば、若い人に伝えられるんじゃないか！

そして2017年、TENGAに転職した。広報担当、つまり工藤の相棒になったのである。

◇

工藤も西野も、何度も、ひどい書かれ方をした。けれど、負けなかった。ふたりが、TENGAの製品を持ちながら真剣に性の話をすると、まじめすぎて拍子抜けされることも、たびたび。

ふたりは、SNSなどを使って地道に発信していった。

「セルフプレジャーは悪ではありません。自分の体に興味を持ったり、自分の気持ちいいことを探求したりすることは、悪いことじゃありません」

だんだん応援してくれる人が増えてきた。「工藤さん、応援しています」「西野さん、がんばって」。デパートでの販売が実現するなど、共感は着実に広がっている。でも、まだまだだとふたりは思っている。

では、工藤さん、世の男性にメッセージをお願いします。

「セルフプレジャーをする女性を受け入れて下さい。あなたが悪いわけではないのです。

お風呂に入ること、マッサージを受けること、それと同じです。そして、いっしょに楽しんで下さい」

次に西野さん、世の中に言いたいことをお願いします。

「日本には、性に対する負の遺産があります」

女性がセクハラを受けたと訴えたら、「おまえがガマンすれば良かったんだ」「おまえが誘ったんじゃないか」などとセカンドレイプを受けてしまう。

「抗議した女性が心ない仕打ちを受ける。こんな世の中、おかしくないですか」

男性は性欲が強いから痴漢をしてしまうのだ、と言う人もいる。

「痴漢は性欲じゃありません、支配欲です。仕事や家庭で鬱屈《うっくつ》した日々を送っている男性が、弱い者いじめをする。それが、痴漢です」

西野は、アラサー。いま、「世代」を猛烈に意識している。

「性に対する負の遺産を、次世代に持ち越さない。それが、私の使命、ミッションです」

◇

工藤と西野。このふたりの先輩格にあたる女性が、ＴＥＮＧＡの広報を手伝っている。森下果苗。

初めてＴＥＮＧＡの名を広げようとした女性は、おそらく彼女である。

彼女の人生をひもとかなくては、ＴＥＮＧＡのことは語れない。

１９８３年、岡山市に生まれた。母は、もともと美容師。生命保険の営業など、いくつか職を変えてきた。父は、森下が生まれたときに母と離婚。なので、森下は父の顔を知らない。

本が大好きな少女だった。ある病気で一カ月の入院。そのためか、小学校に入ったころは、小さくて、引っ込み思案な、おとなしい少女だった。

小学2年のとき、けんかでもスポーツでも男子と対等に渡り合う少女が、親友になった。それに影響されて、活発な少女へと変貌していく。

授業中、「これ分かる人」と聞かれたら、真っ先に手を挙げる。

ホームルームの時間、先生が言っていることは違うと思うと、立ち上がった。

「先生、それは違うと思います」

中学時代は、バスケ部に入った。マンガ『スラムダンク』に影響されたのである。下手の横好きだった。覚えていることといえば、練習を終えて空を見上げていたら、誰かが聞いていたウォークマンから曲が聞こえてきたことだった。

♪同じ涙がキラリ　俺が天使だったなら
スピッツの名曲「涙がキラリ☆」である。

地元の高校を出て、早稲田大学の文学部へ。ひたすらお笑いのライブを見た。演劇、映画。そして、東京は高円寺で飲み明かした。

高円寺は、安い飲み屋がたくさんある。いろいろなタイプの人間が、ベロンベロンになるまで飲んでいる。そして、大学に近い地下鉄の駅から、電車で一本、15分もあれば行ける。金欠の早稲田生だった森下にとって、ありがたい場所だった。

マスコミに行きたかった。出版社やテレビ局にあこがれていた。でも、履歴書を書くのは苦手、面接を受けるのも苦手。ぜんぜんダメ。高円寺に入りびたり、飲み友だちに、あの出版社、ダメだった。このテレビ局だめだった、と言っては笑い飛ばす。

いつも同じこと言ってる気がした。おもしろくない。

〈就活、つらすぎるわー。そうだ、せめて飲みの席を盛り上げるネタを見つけよう〉

森下は、ある会社の就職説明会に行った。

その会社は、ソフト・オン・デマンド。略して、SOD。アダルトビデオを流通、販売している会社である。

SODの人事担当者が、説明した。

「うちは、来年度から、性感染症の予防啓発運動を始めます」

性感染症。STDともいわれる。梅毒、クラミジアなど、性交渉によって広がる病気である。

森下は思った。

〈アダルトビデオを売っている会社が、感染症予防にがんばるって、おもしろい。めっちゃかっこいい〉

森下は以前、エイズのことを描いていた記事を読んでいた。エイズへの差別・偏見と闘う活動家のインタビューだった。

そこには、こんなことが書かれていた。

エイズは、患者と握手をしたらうつる。近くに寄ったらうつる。

ゲイの人はエイズになっている可能性がある。ゲイの人には近寄らない方がいい。

そんなウソと偏見が、まかり通っている。差別の嵐が吹き荒れる。

さらに、記事にはこんなことも書かれていた。患者は、ワンナイト・ラブ、一夜限りのセックスを、いかがわしいところでしていた人だという偏見がある。それは違う。寝室に、信頼し合っているふたりがいる。セックスをするとき、パートナーに言えるだろうか、「エイズの検査を受けた?」と。聞けない。その静寂が、エイズの感染を広げている。だから、寝室でより安全なセックスの方法を話し合ったり、それを実践しやすくできたりするような情報発信が大切なのだ。

飲み友だちからも、いろいろな話を聞いていた。

「彼が避妊具をつけてくれない」

「頼んで、頼んで、やっとつけてくれる。でも、買うのは私」

森下は思っていた。

〈高名なお医者さんが、性感染症予防を訴えても、人の心にはなかなか響かないんだ。残念だけれど〉

〈世間からは、ちょっと下に見られているけれど、よく知られている。ある意味、親しみを持たれている会社だからこそ、スムーズに寝室の中に情報を届けることができる〉

そう思っていた森下だけに、ＳＯＤがＳＴＤ予防をするということに心を動かされた。

人事の人から声をかけられた。

「一次面接に来ませんか？」

一次面接、行っちゃおう。それを、飲み屋でのネタにしよう。

その日、高円寺の飲み屋。友だちに言った。

「わたし、今度、ＳＯＤの面接に行く」

「え、マジ？」

集団面接だった。面接担当者は、売れっ子ＡＶ監督。森下は、開き直って、履歴書に、いろいろ書いていた。個人的な経験などを、チョー赤裸々に。

面接中に、社長が入ってきた。

「その頭のおかしい姉ちゃん、採用」

その日の高円寺。飲み友だちに言った。

「SODに受かった。入社する」

「え、マジ?」

希望の部署を選ばせてもらった。それが、広報宣伝だった。

入社には、親の承諾が必要だった。疎遠にしていた母のところに、承諾書を郵送した。

母は激怒。でも、最終的には認めてもらった。

広報宣伝の仕事。それは、AVの専門雑誌に出す広告をつくること。女優が出るラジオ番組のつきそい、メディアに、「うちの女性をグラビアで使っていただけませんか」と売り込むことなどだった。

そして、性感染症予防のPR活動をしていった。

SODができる性感染症予防。それは、避妊具の流通などだった。

目玉のひとつが、ＴＥＮＧＡの商品だった。

後ろめたさを感じさせないデザインと、高い品質を持つＴＥＮＧＡは、この活動の象徴だった。

男性の生理的欲求に応えるこの商品があれば、自分や誰かを傷つけることなく性を楽しめるかもしれない。

森下はＴＥＮＧＡの宣伝が仕事になった。雑誌やスポーツ新聞などに売り込みにいく。はじめのころは、エロい話ばかりする編集者たち。けれど、次第に、真剣にＴＥＮＧＡに向き合ってくれるようになった。なぜＴＥＮＧＡができたのか、その熱い思いを聞くと、真剣にならざるをえないのだ。（ＴＥＮＧＡ起業の経緯については、第二章でご紹介します。）

ただ、誌紙面への掲載には時間がかかった。何時間も話を聞いてくれたけれど「ちょっと難しい」と言われたこと、何度も。

でも、ＳＯＤがあるビルのエレベーターに、こんな紙が貼られていく。

「ＴＥＮＧＡ、フリーペーパーに掲載」

「ＴＥＮＧＡ、人気女性週刊誌に掲載」

侮辱されたこと、何度も。悔しかったこと、数知れず。けれど、すべて吹っ飛んだ。

◇

2005年の9月の終わり。

TENGAの発売から、およそ3カ月。売り込みと取材対応が一段落して、森下は、TENGAのホームページをながめていた。アクセスが増えているときってあるのかなと、解析を見た。すると、あるタイミングだけ、小さな山ができていた。

何かあったんだろうか？

グーグルで検索し始めた。何も出てこない。でも、何かあるはずだ。そして、一時間ほどたった。

分かった！　大人気のラジオの深夜番組で、パーソナリティーがこんなことを言っていたのだ。

「行きつけのガソリンスタンドで、店員さんに呼び止められた。TENGAって知ってますかと聞かれた。それは何と聞いたら、オナニーグッズっす、あれすごいっす、というんだよね」

ネットで音声を聞いた。これはもう、やるしかない。

森下は手書きで、番組あてに手紙をしたためた。

「拝啓、さわやかな季節を迎え、ますますご健勝のこと、お喜び申し上げます。先日は、番組の中で、ＴＥＮＧＡをご紹介いただきましたこと、ありがとうございます。番組でＴＥＮＧＡの名を聞くことになろうとは、驚いたやらうれしいやら。いま一度、ご紹介したく、セットを送付いたしましたので、ご笑納ください」

次の週の番組の中で手紙が読み上げられ、森下は放送中にパーソナリティーと電話で話した。森下は言った。

「ＴＥＮＧＡが性感染症予防にも役立ったらうれしいです」

森下は2年半つとめて、ＳＯＤを退社し、ＰＲの会社へ。そして、２０１３年、そのＰＲ会社の仲間たちと会社をつくった。

社名は「パブリックグッド」。

時が流れた。２０１７年。森下の会社へ、こんな話が飛び込んできた。ＴＥＮＧＡの広報宣伝を手伝ってくれるＰＲ会社を探している、コンペに出ないか、と。そのころスタッフは、森下ら４人。森下ではないふたりが、ＴＥＮＧＡに話を聞きにいった。

ふたりは、この仕事はできないと思った。

ＴＥＮＧＡは、「性を表通りに」、と言っている。それは、素晴らしいことだと思う。でも、それはＴＥＮＧＡを使いましょう、とＰＲせねばならないのでは？　自分はＴＥＮＧＡのグッズを使っていると言えなくてはならない、ということになるのでは？　自分のプライベート、性という秘め事について話をできなくてはならないのでは？

けれど……。

自分たちに、その覚悟はあるだろうか。

仕事をいただけるというのは、本当にありがたい。でも、お金の問題じゃない。新たな人材が入社してきたとき、ＴＥＮＧＡが会社に置いてあったら、どんなことを思うだろうか。

ふたりに抵抗を感じると言われ、森下は思った。

〈そりゃ、そうだよなあ……、でも、でも、でも〉

金曜の夜のことだった。週明けにTENGAへの返事をすることになった。

〈せめてTENGAのことを理解してもらってから、お断りしてもらおう〉

そう思った森下は、会社で、自分以外の3人に自分が経験したTENGAのことを話し始めた。

TENGAの社長である松本光一の思いを語った。アダルトグッズはエロくて、グロいものばかり。男でも手に取るのがためらわれる。だから、それを変えたいと思ったんだ、と。

昔のアダルトグッズは、パッケージに、どこでつくったのか原産国すら書かれていなかった。これでいいのか、と思ったのが松本だ、と。

「松本社長はパッケージに、お客様相談の窓口として、当時の自宅兼事務所の電話番号まで書いたんです。その覚悟、すごくありませんか」

松本から聞いた話を披露した。その番号に、妊娠中の女性から電話がかかってきた。主人の浮気が心配でたまらないんです。でも、私に止める力はない。TENGAがあるので、少し安心できるんです。

森下の話を、３人は真剣に聞いていた。森下は言った。

「ＴＥＮＧＡの商品は、商材として広告を出すのは難しいと思う。でも、だからこそ、私たちの伝える力が問われるの。それって、ＰＲの醍醐味だと思うんだ」

気がつくと、もう終電が迫っていた。３人は言った。

「森下さん、コンペ、出ましょう」

「これは、受けなくてはなりません」

「森下さんがしなくて、誰がするんですか」

２０１８年春、森下は、ＴＥＮＧＡの広報の手伝いを始めた。

ＴＥＮＧＡは創業して10年余り。実績を積んでいる会社だけに、森下は心配だった。創業のときは、熱い思いがあった。でも、大きくなって、その熱さが冷めていないだろうか。売り上げばかりを心配する、ビジネスライクな会社になっているんじゃないかしら。

心配は無用だった。

社長の松本以下、みーんな熱かった。個性的な社員ばかり集まっている、その姿は、多種多様なプレイヤーを揃えるビッグバンドのよう。森下は、うれしかった。

女性広報のふたりに、会った。工藤も西野も、いろいろ経験している。でも、めげていない。それどころか、愛と自由と平等の革命に向けて、やる気まんまん。

性の悩み。マスターベーション。そのモヤモヤを減らせる社会にしましょう。バカバカしさとまじめさのどちらも大切に！

森下は、ときどき、口ずさむ。

♪こんな夜に、おまえに乗れないなんて　こんな夜に、発車できないなんて
RCサクセションの「雨あがりの夜空に」である。

忌野清志郎が好きだった。悲しい、苦しい。そんな思いを明るい曲調で歌う。つらいから、苦しいからこそ、跳びはねる。そして、存在感。あの年齢で、あの細さで、あの衣装で。

自分にはマネできないけれど、マネしたいという気持ちが止まらない。

２００９年5月、清志郎が58歳で死んだ。森下は葬儀に行った。

〈キヨシロー、いいことばかりじゃないけれど、バネをきかせて高く跳ぶよ〉

◇

２０１９年１月。また、心やさしき闘士が加わった。

本井はる、１９９１年、静岡県育ち。父は大手自動車メーカーの技術者、母は専業主婦だ。

ピアノ、バレエ、習字……。習い事をたーくさんした。音楽も大好きで、高校、大学は吹奏楽、サックスを吹いた。

高校生のころ、緒方貞子の本を読んで、感動した。国連難民高等弁務官などをつとめた女性である。２０１９年に92歳で亡くなっている。

〈私、国連で働きたい〉

国立のお茶の水女子大学に入った。世界の文化や国際情勢を学ぶ学科だった。教授たちは、イスラム、アフリカ、少数民族などに詳しい人たちが、ずらり。

最初の授業で、ドキュメンタリーを見せられた。自分たちが着ている服が、世界の辺境の地で、子どもたちの過酷な労働でつくられているという映像だった。

本井はショックを受けた。

〈自分たちが何不自由ない生活ができているのは、なぜだ。それは、たまたまこの国に、たまたま、父と母のもとで生まれたからじゃないか〉

緒方貞子の本で、世界には紛争が絶えないことは分かっていた。そこに問題意識が加わった。

〈この社会的格差は何なんだ！〉

祖父母が、北海道で、地元に根づいた新聞を発行していた。遊びに行くと、いつも地元の人たちが集まっていて、わいわいと話している。祖父母は、地元の人たちにインタビューし、記事にしていた。子どもが産まれた親に聞いた。生まれてくるのをどんな気持ちで待っていたの？　この名前なぜつけたの？

ふつうの人たちの暮らしを記録するのって素晴らしい仕事だとも思っていた。

私は記者になる！

新聞社や出版社など、10社以上、受けた。全滅。ビッグバンドでサックスを吹いてばかりいて準備不足だ、反省。

早稲田の大学院でジャーナリズムを勉強。インターンで、地方の新聞社で働いた。過疎に直面する地方の苦悩を、知った。

ますます記者になりたくなった。それも、地方新聞の記者だ。

〈私は、地域に暮らす人たちの息吹を描く〉

沖縄、高知、北海道など、新聞社を受け回った。そして、中部地方の新聞社に入った。

初任地は、愛知県、次に静岡県。

地域に根ざす人たちを取材し、記事を描いていった。

けれど、壁にぶつかった。

自分の記者としての実力不足……、だったら文句は言えない。

それは、女性であるからの壁、だった。

ある伝統の祭りがあった。主役は、鬼。祭りの前に盛り上げたいと思い、練習している鬼役の男性からコメントをもらおうと取材に出かけた。

指導をしていた男に言われた。

「女は穢れだから、話しかけないでほしい」

まわりに聞くと、彼は2週間ほど、女性と目を合わせないぐらいに祭りに向き合っているという。

〈女性はなぜ穢れなんだ？〉

さらに、愛知県内の市役所が、「ＪＫ広報室」という組織をつくった。女子高校生を市役所のメンバーに入れ、市を盛り上げようというものだった。

本井は、思った。

〈女子高生が活躍するのは、悪いことではない。いいことだと思う〉

〈でも、ＪＫって何？　大人たちが、女子高生を商品として扱うときに使う言葉じゃないか。別の言葉にするべきだ〉

本井は、問題意識を関係者にぶつけた。返ってきた言葉は、これだった。

「ヒステリーおばさんの、やっかみだね」

上司にも、言われた。

「それは、言葉狩りだね」

本井は、さらに考えていった。

女性は穢れた存在である。女性を商品として便利に扱う。

もうひとつ、女性を低く見ていることがある。

それは、女性の性、をタブー視することだ。

女性は、性について、たくさんの悩みを抱えている。パートナーが乱暴で、いつもレイプされているみたい。避妊具は好きじゃない、潤滑剤はいやだと、拒否する男たち。

なのに、女友だちとでさえ、気軽に話せない。性の話をするのは恥ずかしい、いや、はしたないと思い込まされている。

本井は、思った。

〈記者として、そんな問題を書ける時期が、いつか来るかもしれない〉

でも……

〈いま、そこで苦しんでいる女性がいる。いま問題がそこにあるのに何もできないなんて、悔しい〉

2019年、新聞記者から、TENGAの広報に転職した。

母に、TENGAへの転職を報告した。最初、母は部屋に閉じこもった。

「お茶大行って、早稲田の大学院に行って。その学費は何だったの？　学歴は何だったの？　新聞記者としてがんばるんじゃなかったの？」

本井は言った。

「私は、お茶大で、弱者への意識を学んだ。早稲田の大学院で、世の中への発信の仕方を学んだ。新聞社で、女性の目線の大切さを学んだ。すべてが、ムダじゃない。役立っている。いまの私、それがベストなの」

母は、理解してくれるようになった。

本井は、世の中に発信するため、ニュースレターを書いている。

その参考にするため、性にかかわる歴史の本を読んだ。

分かってきたことがある。

江戸時代、春画には、女性のマスターベーションは、あたりまえのように書かれていた。そこに、明治維新で西洋文化が入ってきた。西洋では、女性には性欲がなくて、ある人は変わった人だ、という考えがあった。それが、日本にも広がった。だから、女性が性を語ることは、はしたない、となってしまった。歴史がそうさせてしまった、ということだ。

だからこそ、本井は決意する。

「性のことを話すのは、かっこいい。そう思う時代をつくりたい」

◇

ふつうの女性たちが、ジャンヌ・ダルクのように立ち上がっている。なぜなのか。それは、TENGAという会社がなぜできたのか、その熱さと使命感からくる。

次章は、会社をつくった男の話です。

その前に、この章でちょっと触れた「ナチズムと性」について述べてみます。この本を理解していただくうえで、大切な内容が含まれています。

コラム① ナチズムと性

第一章でちょこっとふれた「ナチズムと性」について先生と生徒の対話形式で説明します。この本全体のテーマにつながりますので、ちょっと難しくなるのですが、おつきあいのほどを。

先生「現代の性についての規範として、次のふたつがあります。『不倫は悪徳』『女性は性的に慎ましやかなもの』。このふたつの規範は、いつ確立されたか知っていますか?」

生徒「女性は慎ましやかに、という規範は、かなり昔からあるんじゃないんですか?」

先生「近代ヨーロッパで確立されたんです。いつからを近代とするのかは、いろいろな見方がありますが、一般的には、18世紀末のフランス革命からです。『国民国家』という新しい考え方が芽ばえ、大きな時代の転換が見られるからです」

生徒「漫画『ベルサイユのばら』の世界ですね。ぜいたく三昧をするマリー・アントワネットたちに対し、市民が蜂起したというヤツです。オスカル、アンドレ。♪愛、それは甘く……。失礼しました」

フランス革命は、聖職者や貴族たちの「特権階級」に対する、「市民階級」が起こした反乱であった。これによって、王が権力をもって特権階級とともに政治を行う「絶対王政」から、階級を排して国民に主権があるという「国民国家」へと移行していくのである。

先生「革命のドタバタに乗じてのし上がったのが、ナポレオンです。この英雄が周辺の国々に侵攻したことによって、革命の種が各地にまかれていきます」

生徒「『わが輩の辞書に不可能はない』って豪語した人でしたね。でも、国によって革命の形って、違いますよね。すべての国が、自由・平等・博愛の革命ではなかった気もしますが……」

先生「フランスの革命は、『階級闘争』が端を発しました。でも、領邦国家の集まりである神聖ローマ帝国や、領土内で出自や信仰する宗教がバラバラだったオスマン帝国では、『ナショナリズムの高揚』による革命となったのです」

神聖ローマ帝国は、現在のドイツやオーストリアなどを領土としていた。ナポレオンとの闘いで敗れ、1806年、最後の皇帝フランツ2世が神聖ローマ皇帝を退位し、844年間にわたる歴史に幕を下ろす。そこから、オーストリアと、のちのドイツになるプロイセンが台頭していく。

現在の中東からエジプトに広がっていたオスマン帝国も、ナポレオンとの闘いをきっかけに崩壊の道を歩むことになる。

先生「『階級闘争』や『ナショナリズムの高揚』が、革命を起こし、近代化を推進しました。いずれも、抑圧された人々の憤懣《ふんまん》が原動力になったと思われますが、キリスト教圏ではある大義名分が、その憤懣を下支えしました」

生徒「ええっと、皇帝とか女王とか、貴族たちに対して、カッチーンと来たわけだから……。お金に関係するのかなあ」

先生「その大義名分は、『近代的な規範意識』と呼べるものでした。プロテスタントの多い国に顕著だったのは、『放蕩な貴族』に対する『誠実で敬虔な市民階級』という自意識だったのです」

ドイツの学者、マックス・ヴェーバーは、『プロテスタンティズムの倫理と資本主義の精神』の中で、プロテスタントの宗教観は産業革命と資本主義の発展と密接に結びついている、と記した。

カトリック教会は腐敗し、貴族たちは堕落している。けれど、我々プロテスタントは、神が思召した天職（Ｃａｌｌｉｎｇ）にもとづいて勤勉に働いている。だから、財をなすことは悪ではない。

こうしてできた近代的自意識を、ドイツ系ユダヤ人の歴史学者ジョージ・モッセは、「市民的価値観（リスペクタビリティ）」と表現している。仕事における勤勉さだけではない。礼節やテーブルマナーなど、生活のすみずみに適用される、神経質すぎるとも言える清廉潔白な価値観であった。

もちろん、ベッドの中にも適用された。

先生「近代化の重要なキーワード、それは産業革命ですね。女性や子どもの低賃金長時間労働という問題を抱えながらも、最終的には、ある分業を進めていくことになります」
生徒「会社の中での役割分担、という分業ですか？」
先生「ぜーんぜん違います。そんな答えであるはずがありません。『男は外に出て働く』『女は家を守り、子を育てる』という性別での分業です」

神経質的な潔白さと性別分業。それによって、性に関するすべての現象を、「正常」と「異常」とに分けることとなった。

異性愛は正常で、同性愛は異常。愛情にもとづく生殖のためのセックスは正常で、不倫やオナニーは異常。さらに、男は強靭な心身をもって自己を制御する存在、女は補助的役割でしかない。などなど。

そして、未発達な医療がからみ合う。性に関するすべての「異常」なものに、医療によってもっともらしい「治療」がなされるのである。

このようにしてつくりあげられた「性の規範」は、当時の社会の成り立ちや権威者の都合によってつくられたものだった。

先生「医学が進歩して時代が変わったにもかかわらず、現代においても、この規範は生きています。不思議なことですね。そして、ヨーロッパ諸国で『性の規範』が最も先鋭化したのが、ドイツだったのです」

「絶対王政」から、国民に主権があるという「国民国家」に変わる。そのときに必要なのは、国民である。言い換えれば、身分に関係なく〝自分はこの国の国民だ〟と思えるアイデンティティーである。

フランスの場合は、革命の成功を通じて、「自由・平等・博愛の精神を持ったフランス人である」ということが、アイデンティティーになった。

イギリスは、アメリカに独立されたものの植民地をたくさん持ち、産業革命を牽引して強国となっていた。いまさら国民国家になる必要もなく、アイデンティティーを持つ必要もなかった。

ひるがえって、ドイツである。神聖ローマ帝国は、何十もの領邦が集まった国家なのでアイデンティティーはバラバラ。ヨーロッパのど真ん中にあるので、ずーっと周辺の国々と戦争ばかりしていた。ドイツ語は医療や芸術などあらゆる面で使われており、非常に高い文化レベルを持っている。でも、じつは、国としてはとても脆弱だった。

先生「その中で、国民を形成するアイデンティティーは何だったのか。ひとつはプロテスタンティズムという信仰、そしてもうひとつは、汎ゲルマン主義に見られる『種族的(フェルキッシュ)ナショナリズム』でした」

生徒「さっきの、プロテスタントたちの『市民的価値観』ってやつですね。神経質とも言える清廉潔白な『性の規範』をつくりあげたんでしたね。それと、ゲルマン民族、アーリア民族はサイコー、という考え方ですね。気持ちいいでしょうね。わが民族はサイコー、と言って、大ジョッキのビールで酔っていればいいんですから」

ドイツは、宗教改革が始まったところであり、もちろんプロテスタントが多い。ドイツでは、これが強烈に作用したのである。

先生「性に関するすべての現象を、市民的価値観から『正常』と『異常』に仕分けする、と書きました。ドイツの場合は、これがゲルマン(アーリア)民族という血統による共同体をつくりあげたいという『種族的（フェルキッシュ）ナショナリズム』と結びついてしまったのです」

その結果、こういう区分けができた。

異常　―　正常
放蕩　―　慎み
ユダヤ人　―　アーリア人

先生「この図式の中で、とんでもない考えが生まれました」
ユダヤ人の精神は下半身にある。つまり、性欲をコントロールできない存在である。
先生「『ユダヤ人の男は、アーリア人の婦女子に狙いをつけ襲おうとしている』といった根拠のない流言がなされたことが、当時の記録に残っています」
生徒「ユダヤ人は性的に異常だというウソ。そうした偏見を助長する言説のひとつひとつが、ユダヤ人の大量虐殺につながるんですね」

排斥された人々はユダヤ人とは限らなかった。同性愛者や精神疾患なども「異常」な人々、そして、のきなみ排斥されたのである。

先生「同性愛者への偏見。障がいがある方への差別。この考え方は、現代においても根強く残っていますね」

2016年7月、神奈川県の相模原市にある福祉施設で、元職員が、知的障がい者たち19人を刺殺した。障がい者は生きていても仕方のない存在なのだから死んだほうがいい、という考え方が起こした事件だった。

先生「『ナチズムと性』というと、非常に遠いもののように感じられますが、そこにはおぞましいつながりがあります。性の偏見や誤った知識は、差別をつくり、時として恐ろしい事態を招くことになるのです」

性についての価値観は、進化という生物の原則だけでは、とうてい説明しきれない。歴史や社会の影響を大きく受けている。こうしたことを学ぶと、世界の見方は大きく変わる。

参考文献

ジョージ・モッセ 著『ナショナリズムとセクシュアリティ——市民道徳とナチズム』『大衆の国民化——ナチズムに至る政治シンボルと大衆文化』(柏書房)

ハンナ・アーレント 著『全体主義の起原1——反ユダヤ主義【新版】』、『全体主義の起原2——帝国主義【新版】』『全体主義の起原3——全体主義【新版】』(みすず書房)

第二章

元自動車整備士、TENGAをつくる

２００５年にＴＥＮＧＡという会社を起業し、７月７日に売り出した男、松本光一さん。

彼は、どこに行くにも、かならずＴシャツを着ます。その胸には、こう書かれています。

「ＬＯＶＥ　ＭＥ　ＴＥＮＧＡ」

ご存じ、プレスリーの名曲「ＬＯＶＥ　ＭＥ　ＴＥＮＤＥＲ」を、文字っています。

アダルトグッズに取り組んでいる男なんて、テキトーなんじゃないの。エッチなことばかり考えてきたんじゃないの。

まったく違います。

正直者、チョーまじめ、ものづくりの求道者。松本さんには、そんな言葉が似合います。

でも、適度なユーモアをまぶさなければ、気持ちが社会に伝わりません。

そして、極貧の生活をする中で、松本さんは悟ります。

「性欲とは、ずばり生存欲である」

この章は、松本さんの怒濤の半生、その物語をお届けします。

◇

1967年、松本は、静岡県の焼津市に生まれた。遠洋漁業、水産業の街である。

両親は、祖父が営んでいた印刷会社に勤めた。学校の卒業アルバムの写真が白黒からカラーになるタイミングで、印刷会社は廃業。父は、造船関係の仕事についた。

松本少年は、両親に厳しく教育された。

「何かしていただいたら、かならずお礼を言いなさい」

「自分が間違えていたら、素直に謝りなさい」

「弱い者いじめをしては、なりません」

「人をだましたりウソをついたりしてはいけません」

「悪いことをしたら、いずれ自分に返ってくる。だから、正しいことをしなさい」

松本は、親に感謝している。善をして正義を貫く、そのことをたたきこんでくれたのだから。

それは、TENGAという会社に貫かれている。

ズルはしない、ウソはつかない。テキトーなことはしない。大まじめにつくる。

性を表通りに、誰もが楽しめるものに変えていく。それは正義である。

心を解放するやさしい革命に向けて、進め、進め、進め！

松本少年は、工作が得意だった。小学2～3年のころ、学校で紙工作の授業があった。テーマは、風が吹くと動くものをつくる、だった。

松本は、ぼくにしかできないモノをつくろうと決めた。

耳の大きなダンボのような象。風を受けると回り出す、という作品である。

松本は、凝りに凝った。つくっているうちに、どんどんアイデアが浮かんでくる。それを実現しようとする。時間がかかる。

それを見た教師たちが、小さな声で言い合っているのが聞こえてきた。

「松本は、工作がうまい」「でも、作業が遅いんだ。困っちゃう」

大人たち同士の会話だけれど、松本少年の耳に入ってきた。

〈勝手に言っていればいい。ボクはつくりたいものをつくる〉

小学生のころから、松本はものづくりに妥協しなかったのだ。ものづくりへの愛があったからこそ、ＴＥＮＧＡが生まれることになる。

松本は、算数と理科も好きだった。国語は苦手、とくに漢字に弱かった。

１９７０年代後半。

漫画家の池沢さとしが「週刊少年ジャンプ」に『サーキットの狼』という漫画を連載していた。それが少年たちの心を鷲づかみにする。空前の、スーパーカーブームが起こった。

松本少年の心も、ドキドキ。ある展示会に行った。

ランボルギーニ・カウンタック、フェラーリ、ポルシェ……。

ずら〜りと並ぶスーパーカー。別の世界にいるのでは、と思った。

車の形が、かっこいい。車の色が、きれい。エンジンが後ろについている。馬力、すごい。エンジン、でっかい。ドアが上に開く。内装もおしゃれ。

〈ボクは、すごいものを見てしまった〉

松本の将来の夢は、「車の整備をする仕事につくこと」になった。

そのときの彼にとっての正義は、早く車の仕事を始めること。だから、中学生の時、近所の整備工場に行っては、作業中の大人たちに話を聞いて回った。

まずは情報を集める。それは、TENGAのものづくりに通じるところがある。もう少し読み進めていただければ、分かるだろう。

整備工場で、何人かの大人たちが、こんなことを言っていた。

「車のすべてがコンピューターで制御されるようになってきた。オレ、コンピューターが分からないので、いじることができないんだよね」

「今さら勉強かよ、つらいな」

松本は思った。

〈分かんないって、かっこわるい。ボクは学ぶぞ〉

地元の工業高校に電子科があった。そこに合格するには、かなりの勉強が必要だった。

第一志望は、そこ。ほかは受けない、以上。

中学の先生は、松本の親を呼び出した。

「滑り止めの学校を受けてほしい」

そんな先生の言うことを聞くわけがない。

工業高校の電子科一本、正義は我にあり！

猛勉強。成績が上がって、学年6番までいった。とくに数学と理科が得意。みごと、合格、高校生活が始まる。

今でこそ、パソコンが普及している。それは、マイクロソフトがウィンドウズ、アップルがマッキントッシュを開発し、操作が簡単になったからである。

けれど、松本がコンピューターを学ぼうと思ったころは、どちらもない。ＰＣやパソコンという言葉が使われ始めた時代である。そんな時代にＰＣを学ぼうという級友たちは、めちゃくちゃ先を行っていた。優秀な生徒が集まっていた。

そして、当時の工業高校は、ほぼ男子校だった。電子科に女性はひとりもいなかった。

めっちゃ頭のいい男たちだけのクラス。そんな環境で、松本は、現在の松本を暗示する

「ひと言」を口にするのである。

◇

高校生活の初日。数十人のクラスで、ひとりひとり自己紹介をすることになった。かならず趣味を言わなければならなかった。

「映画鑑賞です」「読書です」「アニメが好きです」

みんなマジメで、つまらない。松本は思った。

〈ぜったい笑いを取ってやる〉

順番が回ってきた。立ち上がり、こうあいさつした。

「趣味はオナニーです」

みんな爆笑。コンピューターおたくばかり、みたいな場の雰囲気がガラッと変わった。

受け狙いで発した「オナニー宣言」。自分がアダルトグッズの開発に真剣に取り組むことになろうとは、このときの松本には想像もできなかった。

高校では、コンピューターをしっかり学び、いくつか資格を取った。溶接の技術なども習得していく。ものづくりの基本をじっくり身につけていった。

自動車整備の仕事、それにつくは、わが正義なり！

整備士の免許を取ったほうがよいと知り、三菱系の専門学校に入る。男4人で一部屋という寮生活をしつつ、飲食店でハンバーグを焼くバイトをした。夏休みには、三菱ふそうの工場に行って、トラックの整備の仕方を教えてもらった。

スーパーカーの仕事をしたくて、スーパーカーの整備をしている愛知県の整備工場に就職した。フェラーリやポルシェの整備をするも、さまざまなトラブルで社長を尊敬できなくなって退社する。

お金がなくて、車の中で寝泊まりしたり、知り合いの工場に泊めてもらったり。コンクリートの床に布団を敷いて、眠った。建設会社でアパートの壁づくりのバイトもした。

およそ1年のブランクを経て、ふたたび自動車整備士に。クラシックカーの整備をする工場で働いた。

クラシックカーなので、一度車体をバラバラにし、部品ひとつひとつを修理して組み立て直す作業が必要だった。

お客さんと念入りに打ち合わせをし、理想の1台を組み立てていく。ものづくりが大好きな松本にとって、至福の時間だった。何カ月もかけてつくりあげて納品すると、お客さんは大喜びしてくれる。

〈人を幸せにし、ボクも幸せになる。ものづくりの魔法って、すごい〉

ただ、松本の給料は、ほぼゼロだった。社長が、ときどき小遣いをくれるだけ。アパートの家賃が払えなかった。電話や電気もしょっちゅう止められた。

会社の業績が悪いから仕方がない、と松本は思っていた。

〈オレががんばって業績が上向けば、きちんと給料をくれるようになるはず。だから、ぜったい、『給料をくれ』とは言わない〉

松本は、社長を信じていた。会社を信じていた。まもなく30歳。でも、松本は純情を貫いた。

〈オレはウソをつかない。ズルをしない。きっと、社長もそうに違いない〉

そんな松本の様子を、出入り業者である友人が見ていた。ある日、彼が松本に言った。

「おまえんとこの社長、おまえのことをこう言ってたぞ。『あいつ、まじめだから給料あげなくても仕事してくれる』って」

友人の目から見て、松本への仕打ちは不可思議だったのだ。あんなに仕事をしているのに、チョー貧乏。ぜったい何かあると。だから、社長に聞いてくれたのだろう。

〈社長を信じていた自分がバカだった〉

目が覚めた思いで、会社を辞めると社長に申し出た。社長は言った。

「引き継ぎのため、あと半年働いてくれ」

乱暴に辞めたくはないし、お客さんに迷惑をかけたくなかった。だから、松本はそれから半年、働いた。やはり給料はほぼゼロだった。

辞めてから、労働基準監督署に相談に行った。労基署が会社に問い合わせると、そんな社員はいなかった、と言われる。

うそだ。さらに突き詰めてもらうと、こう言われたという。

「彼は社員ではありません。歩合の人です」

松本は思った。

〈もういいや。自分が選んだ仕事場で間違いが起きたんだから、オレの責任だ〉

自動車整備の仕事を始めて10年余り。仕事がなくなり、つきあってきた取引先やお客さんとの関係も終わる。お金はない。

〈オレには、いま、何にもない〉

ただ、松本には、二つのものがあった。

食欲と性欲。

この二つに、松本の気持ちが集中していく。

たとえば、どこかでカレーを食べるとき。肉や野菜をきちんと入れてくれているか、気になって仕方がない。頭の中を、食欲が走る。

そして、性欲が走る。自分の中で性に対する欲求が強くなっていった。

性欲が研ぎ澄まされていくのを感じた。松本は悟った。

〈性欲は、つまり生存欲なんだ〉

専門学校に行くため愛知に出てきたとき、松本は誓っていた。どんなに苦しくても、静岡にいる両親には迷惑をかけない、と。だが、母の体調がすぐれない、という知らせが飛び込んできた。

〈意地を張らずに、素直になろう。静岡に帰ろう〉

故郷に戻る。31歳のときである。貯金は、ない。仕事は、ない。あるのは、生活費のために借りた借金だけ。ゼロからではない、マイナスからの再出発である。

稼がなくっちゃ。中古車販売会社の営業マンになる。車のことなら何でも知っているので、すぐ売り上げトップになる。きちんと給料をもらえた。歩合給もたっぷりと。

借金を返し、生活が安定してくる。

◇

生活が安定してくると、松本の心を、こんな衝動が揺さぶった。

〈ものをつくりたい。いま世の中にないものをつくって、世界中の人に届けたい〉

なぜ、こんな衝動が？　分からない。理屈じゃない。

ものづくりをしたい。でも、何をつくったらいいのか、分からなかった。そもそも、貧乏暮らしをつづけてきたので、松本には、ものを買う経験があまりに乏しかった。

〈ボクは、ものを知らなすぎる。よし、研究を始めよう〉

中古車販売の営業をしつつ、休日には、家電量販店やホームセンター、自動車用品の店をめぐった。

そして、店に並ぶ商品を見ては、考えた。

この商品は、誰に喜んでほしいからあるのだろう？　世の中をどう幸せにしたいからあるのだろう？

商品の背景にある物語に思いをはせた。商品をつくるために汗をかき、悔し涙を流し、喜びの涙を流す。そんなドラマを想像すると、楽しくて仕方がなかった。

さらに、店づくりにも感心した。

このテレビとあのテレビの値段の違いは、この機能があるからだと一目で分かるスペック表があった。カタログもあるし、アフターサービスの体制もきちんとしてあるし。

〈メーカーも流通も、人に役立ちたい、人を幸せにしたいと必死なんだ。ボクも負けられないぞ〉

そして……。

松本は、久しぶりにアダルトショップに行った。

お金がなかったころ、松本は性欲が研ぎ澄まされていく経験をした。生きるために性欲は必要、いや、性欲は生存欲だと痛感していた。

お金に余裕ができても、もちろん性欲はある。けれど、ショップに行く時間があるのなら、その時間を店めぐりに回したほうがいいと思っていた。

だから、その日のショップ行きは、研究の一環という意味合いが強かった。

さあ、アダルトショップは、どんなメッセージを発してくれるだろうか。

店の奥に、グッズのコーナーがあった。そこに立った。何なんだ、ここは？　松本には違和感しかなかった。

まず、商品の特徴が分かりづらい。この商品とあの商品の機能が比較されていないので、どっちを買ったらいいか分からない。

〈一般の製品じゃあ、ありえない〉

商品のデザインはバラバラ。そして、誰がつくったか分からない。いや、これ、どの国でつくったのかさえ分からない。

〈ソニーやパナソニックじゃあ、ありえない〉

商品を見る。女性の裸が描かれている。ロリコン趣味のパッケージ。女性器そのもののような商品がある。

売り場から発信しているメッセージは、これだった。

エロいぞー、ひわいだぞー。わいせつな気持ちになってー。

グッズの背景にあるストーリーが想像できない。開発者の苦労、涙、人を幸せにしたいという思いが、見えてこない。

アダルトグッズはエロければいいだろ、わいせつだったらいいだろ、特殊な商品なんだから、ということなのだろうか。

でもさ……。

〈オレのまわりの男たちは、みんなオナニーしてるぞ。オナニーは特殊なことなのか？違う、日常的なことじゃないか〉

〈性欲は、人間の根源の欲求だ。ひわい、エロ、エッチ。そうじゃないんじゃないか〉

松本は、コーナーに15分ほどいた。そして、決心した。

〈日本に、いや、世界にもない、誰もが手に取れる一般の製品としてアダルトグッズを開発してみせるぞ！〉

松本は、発明好きが集まる会に参加していた。みんな、おもしろい発明をしていた。けれど、その発明のために何年もかかった、などと口々に言っている。

なぜそんなに時間がかかっているのか。それは、本業の仕事をしながらの研究開発、ほとんど趣味だったからだ。

〈いま、しなきゃならないんだ。いま、開発して世の中に出さなければならないんだ。オレにとって、ものづくりは趣味じゃない〉

開発するためには資金がいる。１千万円あれば、生活をきりつめれば何とかなるか。貧乏生活には慣れている。

１千万円を貯めて、松本は会社を辞めた。

退社した翌日。松本は朝6時から午前2時まで、必ず仕事をする、と決めた。

〈いまやらないとダメなんだ。集中しないとだめなんだ〉

いざ、朝6時。

何をすればいいのか。分からない。どこから動いたらいいのか、見当もつかない。

けれど、それを解決してから仕事に取りかかってもダメだと思った。時間が惜しい。

動かなくっちゃ。手足を動かさなくっちゃ。脳をフル回転させなくっちゃ。

もがくぞ、もがくぞ、もがくぞ。

そして、市場調査から始めた。新しい分野に踏み込むときのビジネスの鉄則である。現状を知らないとだめだ。中学生のとき、自動車整備の情報を集めた。それは、整備士になるための市場調査だ。

ある調査に、こう出ていた。

「日本の男たちのほとんどがマスターベーションをしているのに、アダルトグッズを買っているのは100人のうち1人」

〈そっかあ。市場は99人分あいてるじゃん〉

車も家電も、ありとあらゆる競争をしてきた。その結果、大きな市場をつくってきた。

アダルトグッズは、競争をしてきたのか？　していない。品質に責任を持たないという前提でつくられているなんて、信じられない。だから、市場ができないんだ。

〈よし、オレが変えてやる〉

いま、世の中にどんなグッズがあるのだろうか。片っ端から買い集め、使用するものと保存するものとに分けた。

そして、実際に試し、良い点と悪い点を書いていった。

これまでのアダルトグッズの悪い点。

性能が悪い。グッズのパッケージがおしゃれじゃない。ブランド名が書かれていない。グッズの説明がない。つくっている会社の名前がない。何かあったときに問い合わせる電話番号が書かれていない。

〈ぜ～んぶ改善しよう〉

グッズの技術についても、分解するなどして調べた。もちろん、自分で試し、特許についても勉強した。

関連するグッズでは、どんな特許が出されているのだろう。

静岡にある特許庁の出先機関にいりびたった。

これから自分がしようとしていることと似ているものがすでに出願されていたら、すでに、誰かが自分がしようとしていることをしているはずだ。違うことを考えないと、ダメということだ。

さらに歯科技工士の友人に、アドバイスをもらった。歯の形をとるときの軟らかい材料の扱い方、そして、入れ歯などをつくる繊細な技術が参考になる、と思ったから。

釣りに使うルアー、つまり疑似餌を買ってきた。溶かしたら材料として使えるかもと思った。電子レンジに入れる。チンと鳴る前に、煙もくもく、やばい、止めろ、爆発するぞ。

容器にくびれを入れたら、手で握りつづけられる。うまくいきそうだ。

圧縮感を出すには、女性用のストッキングの仕組みを使ったらいいかな。

決まっていないことを見つけるために、とにかく試した、動いた。これだと思って進め、違うと思ったら軌道修正。仮説を立てては、実際に試して、軌道修正。

そんな研究開発の日々だった。

◇

世の中にないものを創造し、完成させる。それまでの道のりは、つらい。ひとりぼっちの作業なので、つらさは倍増である。

完成が「てっぺん」だとしたら、いま自分は何合目にいるのだろうか……、分からない。きょうも朝6時から深夜2時まで、がんばった。でも、それは、「てっぺん」への道を一日分、進んだのだろうか……、分からない。

一個の部品を1～2カ月かけて完成させた。けれど、それは役に立たないことが分かる。ボツかあ、この間の努力は何だったんだ？

そして、この世の中に自分がいる存在意義を自問し始める。

〈オレがしていることを、世の中は評価してくれない。オレは毎日、何のために作業をしているんだ？〉

そして、「休日」というものについて考えるようにもなった。

日曜日、お盆や正月の休み、夏休み……。これらは、仕事や家事など、世の中に何らかの貢献をしているからこそ取ることができるんだ。世の中に貢献していない自分は、休むことは許されない。

こうして1年半ほどが過ぎた。貯金1千万円が減っていく中で、「自分は無価値」という思いがピークに達した。松本は開き直った。

〈オレは、一般の製品と認められるアダルトグッズをつくろうとしてきた。知人に話すと、『そんなの無理に決まってる』と言われてきた〉

〈たしかに、途中でやめれば言われるだろう、『そうら見ろ、松本、失敗したってよ』と〉

〈だから、オレは誓う。成功するまで続けるんだ！〉

〈少し素直になってみよう。自分にできることは、つくることだ。でも、完成させても売ることはできないぞ〉

流通業者に協力してもらうにはどうすれば……。そうだ、とにかく形にしよう。思いだけでは人に伝わらない。形にしなければ、人を納得させられない。

それなりの形にしてプレゼンすると、東京の大手流通会社が協力をしてくれることになった。松本は東京に出て、開発の日々を続けた。

量産に向けて協力してもらえるところを探した。

金型屋さんに思いを語ると、タダでつくってくれた。もちろん、売れてから代金は払っている。最後は、カードでキャッシングして資金をまかない、1日あたり7〜8人をバイトで雇った。

2005年3月、松本は会社をつくった。社名は、「典雅」という言葉をアルファベットにして、「TENGA」。そして、7月7日に発売した。松本は5万個を用意した。予約だけで完売。1年で100万個売れた。

松本の服装。はじめはスーツだった。けれど、元自動車整備士が開発したというキャラで行こう、赤いつなぎに変えた。そして、いまは、「LOVE　ME　TENGA」のTシャツ。もちろん、ドレスコードがある集まりなどでは、この服装でいいか事前に確認している。

明るく、楽しく、大まじめに、である。

松本は言う。

「TENGAを、コーラやサランラップ、ベビースターラーメンのような存在にしたい、定番の商品にしたいのです」

定番商品。それは、消費者の心を一度つかんだら何もしなくていい、というわけではない。基本は変えなくても、進化をしていかなければ、消費者の心は離れてしまう。

TENGAには、そこを任すことができる社員が必要だった。

◇

そのひとりが、2008年に入社した遠藤海《かい》である。TENGAの商品開発の責任者だ。

「いやらしくなく、気持ちよさを追求してきました」

1985年、岩手県の山奥に生まれた。「ものすごい田舎でした」。家の前にあるゴミ捨て場に、いつもエロ本が積まれていた。そのせいか、幼いころから性への好奇心が強かった。

美術系の高校に進んだ。未成年の中絶率が高いからと、学校で講演があった。性の問題に目覚める。問題を啓蒙するポスターをつくり、展覧会に出展した。

地元の大学で、工業デザインなどを学んだ。大企業に入社したところで、自由にデザインの仕事ができるだろうか。ムリだろう。性への思いが、よみがえる。

ＴＥＮＧＡが新卒採用を始めると聞き、応募、採用された。

利用者の声、社内からの提案。それらから、アイデアの卵を見つけ、研究、実験。行けると思ったら、開発が始まる。３Ｄプリンターを使っての制作など、新しい技術をフル活用して商品を開発してきた。

「日本の性に対する意識をＴＥＮＧＡが少しずつ変えている、その実感はあります。おもしろい仕事です」

ちなみに、ＴＥＮＧＡのお客様相談室。そのフリーダイヤルは、０１２０・０７２１・３８。

オナニー（０７２１）の未来（３）がやってきた（８）

ユーモアがなければ、ＴＥＮＧＡじゃない。

◇

ＴＥＮＧＡは男性用のグッズからスタートしました。けれど、性は、男だけのものなのでしょうか。もちろん、違います。

老若男女に関係なく、すべての人の性生活を豊かにする。それが、ＴＥＮＧＡの使命。松本さんや社員たちの気持ちは、同じでした。だから、女性用のグッズをつくるのは、必然のことだったのです。

第三章

女性の心を解放せよ

男性がマスターベーションをするためのグッズをつくる。2005年の起業から、TENGAは、そういう会社でした。

時は流れます。

2013年、TENGAは、女性向けのグッズをつくり、世の中に出しました。

女性向けのグッズ。それまでは、ピンクローターと呼ばれるもの、または、男性器のような形をしたグロテスクもの、が主流でした。誰が見ても、そのためのもの、と分かる代物でした。

男性の視線でつくったものです。これを使えば女性はよろこぶに違いない、おれたちはその姿を見て興奮するんだ、そんな男性からの一方的な押しつけでした。

購入するのは自由です。女性が買っても、何も問題はありません。なのに、自分のために購入した女性は、後ろめたさのようなものを感じてしまいます。女性がマスターベーションをするのははしたないという世の中に、絡め取られてしまっています。

だから、机の中にしまう。引き出しの中に隠す。

けれど、TENGAが世に問うたグッズは、ちがいました。

見た目は、日本風の置物のよう。なので、部屋のインテリアとして置いていても、違和感はありません。色も、いろいろ。

そして、開発したのは女性たち。女性たちが、デザインにこだわり、心地よさにこだわり、自分の心にこだわる。女性による女性のためのグッズでした。

グッズのブランド名は「ｉｒｏｈａ」。いろは、と読みます。

いろはにほへと、ちりぬるを……。

あの和歌の、やわらかい響き。そして、女性への、こんなメッセージが込められています。

「女性が性の楽しさを求めるのは、自然なことです。後ろめたいことではありません」

「すべての女性のみなさん、『セルフプレジャー』をしていいのです」

「女性が性について、いろはから考え、覚え、自分にとっての快楽、気持ちよさを見つけませんか。そして、心を解放しませんか？」

それにしても、聞き慣れない言葉が出てきてる。そう思われているかもしれません。

セルフプレジャー
ｉｒｏｈａにかかわっている人は、この言葉をよく使います。なぜなのか、この章で説明します。

さて、ＴＥＮＧＡが女性用のグッズをつくったのは、当然といえば当然のことでした。掲げているビジョンを見れば、分かります。

「性を表通りに、誰もが楽しめるものに変えていく」

この章では、ｉｒｏｈａ開発の物語。そして、ｉｒｏｈａで心が解放された女性たちの証言です。

まずは、開発の中心にいる女性の話から始めましょう。

◇

渡辺裕子。1987年、福島県生まれ。地元の高校を卒業し、イラストレーターを志して東京へ。グラフィックデザインの専門学校に入った。

けれど、イラストレーターで生きていくのは大変だ、と気づく。グラフィックデザインを学び、デザイナーになろうと考えた。

グラフィックデザイン。それは、ポスターや商品のパッケージなどのデザインのことである。その善し悪しは、商品の売り上げを大きく左右する。

専門学校を卒業する。デザイン事務所や制作プロダクションなどに入ろうとがんばるのだが……、うまくいかない。

親から、言われる。

「はやく福島に帰ってきなさい」

どうしよう。渡辺は迷う。

そのとき、思い出したことがあった。TENGAのことだった。

じつは……

専門学校に通っていたとき、クラスの男たちが、TENGAのことを話題にしていたのだ。マスターベーションの道具として使っている、と話していたのではない。TENGAのデザインについて話していたのだ。さすが、デザイナーの卵たち！

渡辺は、思っていた。

〈これ、きれいなデザインだよなあ。おもしろいなあ〉

TENGAのホームページを見てみた。こっちもきれいだった。

「性を表通りに、誰もが楽しめるものに変えていく」

そんなビジョンが掲げてあった。なのに、性について扇動する、という要素は、まったくなかった。まじめに性と向き合っていることが伝わってきた。

でも、TENGAのことは、頭の隅っこにしまっていた。

〈ここに就職するのは、ちょっと抵抗があるなあ〉

就職ピーーンチ。それまで人手不足だったデザイン業界が、リーマン・ショックで就職難になったのだ。そんな現実に直面し、渡辺は、ＴＥＮＧＡのことを思い出した。

ＴＥＮＧＡの門をたたいたのは、２００８年のことだった。

そのころ、ＴＥＮＧＡにはグラフィックデザイナーはいなかった。なので、歓迎された。

そして、言われた。

「女性向けのグッズを開発するかもしれない。できるか？」

渡辺は、はい、と答えた。

〈望むところだ〉

まもなく、女性向けの開発、そのプロジェクトが始まった。メンバーは女性たち７人、渡辺は、その中心的な役割を任された。

彼女には、期するものがあった。

子どものときから厳しく育てられ、こう厳命されていた。

「セックスは嫁に行くまではしてはならぬ」

親から押しつけられた戒めに、苦しんだ。自然な気持ちで異性と接することができなくなってしまった。

さらに、24～25歳になると、親はせっついてきた。

「結婚はまだか」

苦しんだ。

〈私は、自然な気持ちを押し殺してきたんだよ。結婚、結婚って。また、私の自然な気持ちを奪うの？〉

〈私のような女性を、もう出したくない。やるぞー！〉

女性向けのグッズで、ひとりでも多くの女性の心を解放したい。渡辺は自らに誓った。

◇

プロジェクト、スタート！

メンバーたちは、市場調査から始めた。商品開発の、いろはのい、である。

まずは、市場に出ている女性用マスターベーショングッズをリストアップ。日本だけでなく、世界中のグッズを、である。

ネット通販のサイトを使って、片っ端から買っていく。また、海外出張に行く社員に、出張先で買い集めてもらった。

そうして集めたグッズは40～50種類になった。

それらを、自分たち、さらにほかの部署の女性社員たちに試してもらう。アンケートをとった。

そのグッズは、業界で働いている玄人向けなのか、それとも、素人向けなのか。そんな仕分けもしていく。

海外には、ひとつで2万～3万円もする高価なものがあった。遠隔操作できるものもあった。女性の敏感なところを刺激するとアピールしている、直接的なグッズもあった。

日本のものは、どちらかというと、男性が女性を攻めるためにあるグッズだった。商品の名前が、ひわい。粗悪な素材が使われている。ゴミがついている。汚い。形がグロテスク。とても、多くの女性が好んで買うとは思えないものだった。値段は200円ぐらいのものもあれば、4千～5千円するものもあった。

機能を充実させると、値段は高くなる。安いと粗悪品と思われる。

そんなことを痛感する作業を、繰り返した。

分かったことは、次のことだった。

女性向けにグッズを売るなら、何もないところから、まったく新しい市場をつくらなくてはならない、ということだった。

女性の敏感な部分を刺激する、それを強調する玄人向けのグッズをつくったとしても、それは、いま買っている玄人たちが買うだけ。一般の女性には浸透しない。

渡辺の地元は福島県。会津藩の「什（じゅう）の掟」流に言うと……

初めての人が使いたいと思えるデザインにしなくては、ならぬ。

買うことへの抵抗感をなくす。気軽に買えるようにしなくては、ならぬ。

女性が女性のためをトコトン追求する、そういうグッズをつくらねば、ならぬ。

ならぬものはならぬのです！

マスターベーションに興味がある。でも、がまんしている。そんな眠れる女性たちのために、眠っている市場を開拓するぞ！

初めての女性たちとともに歩み、いっしょに成長できるブランドにしていこう！

世界の女性たちと、歩んでいこう！

いろは、から始めるんだ！

商品名は、ｉｒｏｈａだ！

こうして、グッズのコンセプトは決まった。つづいて、形づくりである。粘土などを使って、いろいろな形をつくっていった。

でも、意見が合わない。それぞれに性の経験値が違っていたためであろう。

方向性をひとつにするためにみんなで、ごくごく普通の会社員を「ペルソナ」として設定した。

ペルソナ。ターゲットにする理想的な顧客像のことである。マーケティング用語として広く使われている。この人物像がしっかりしているかどうかがビジネスの正否のカギになる。

性の経験は、ごくごく人並み。グッズを自分で買ったことはない。そんな女性たちが気軽に手を伸ばしてくれる形とは。和風で、モダン風は、どう？　粘土でつくっていった。

渡辺たちの心を支えてくれたのは……。

女性たちだった。TENGAのホームページに、「女性向けをつくります」という内容を公開すると、サーバーがダウンするほどのアクセスがあったのだ。もちろん、男からの興味本位なアクセスもある。でも、女性からのアクセスも、かなりあった。

そして、出来上がったのは、まるで3色団子のような色のグッズ。それぞれ入れる、あてがう、沿わせるといった機能を形に。

商品のイメージは雪だるま、桜の花びら、そして、小鳥。

はじめはネット通販だけで売り出した。価格は、はじめ、1個7千円近くした。けれど、売り上げ増とともに1千円台の安いグッズを出し、市場を広げていった。

さらに、海外のセレクトショップが日本に上陸したときのパーティーで販売するなど、工夫した。ふだんグッズに関心がない人でも、「これなあに?」と手に取ってもらい、買ってもらった。

PRの仕方も工夫した。

オナニー、マスターベーション。この言葉に抵抗がある女性が多いのは事実であろう。

そこで、あの言葉を使うことにしたのだ。

セルフプレジャー

自分自身で楽しむ、ということである。

1個千円台のものから数千円まで、ｉｒｏｈａのグッズはさまざまなものが売り出されている。世界中の女性が支持している。

ｉｒｏｈａを使って、女性が心を解放してきている。渡辺は言う。

「愛と自由、そして平等。6合目まで来た感じですね」

では、頂上に向かって、何をしていくのだろう。

「女性が、自分で、自分自身のセルフプレジャーを開発していただければ、と思うんです」

いまは、ｉｒｏｈａで、あなたの気持ちよさを見つけてください、という段階である。それを、あなた自身で、あなたのポイントを見つけて気持ちよさを開拓してください、という段階に上げたいのだとか。

そうすれば、パートナーに提案できるようになる。友だちにプレゼントできる。親から娘へプレゼントされるようになる、性教育の場で女性のセルフプレジャーを話題にしてもらえる……。

まだまだ時間はかかるだろう。けれど、いつかきっと。だって、時代は移り変わる、世代が変わる。

◇

ところで、女性用のアダルトグッズって、なぜ男の視線でつくられてきたのでしょう。

この本を出していただいた論創社さんから、『ヴァイブレーターの文化史――セクシュアリティ・西洋医学・理学療法』という本が出ています。著者は、アメリカの研究者、レイチェル・パール・メインズさん。

彼女の本をもとに、意訳して簡単に説明しますと……。

西洋では、男性中心主義の視点から、こんな間違った考え方が大まじめに語られてきました。

女性には性欲がなく、夫との性交によってだけ快楽がめばえる。夫とのセックスで絶頂にいたらない女性は、欠陥があるかヒステリーという病気である。だから、絶頂にいたれるように治療しなくてはならない。

女性が自慰をするのは、健康によくない。女性には、自発的な性欲なんてない、それが「正常」なのだ。

そこで、女性を絶頂にいたらせる「治療」がなされてきました。使われた器具が、形が変わってきて、電動バイブレーターになってきたのです。

お分かりのように、すべては男性の視線です。

さて、日本では江戸時代、春画がありました。そこには、女性が自慰している絵も描かれていました。女性が自慰用のグッズを選んでいる絵も。

ところが、明治維新で西洋の間違った考え方が入ってきてしまい……。

女性が性について話すのは、はしたない。女性がマスターベーションをするのは、はしたない。

そんな日本になったのです。

さて、TENGAのみなさんは、こう言います。

「ｉｒｏｈａで、女性の心を解放します」

本当にそれができているのでしょうか。３人の利用者に話を聞きました。

◇

３人のお子さんがいる40代の女性は、言う。

「私、ときどき、ｉｒｏｈａを使って、いっています」

高校を卒業し、美術系の短大に進んだ。

そこで出会った友だちと、いろいろなことをしてきた。

気軽にヌードになってデッサンし合った。

「きょう、脱いでくれる」「うん、いいよ」

裸体のまわりに流れる雰囲気、それを描きたいという思いだった。

「きょう、おしりのライン、きれい」「胸の形、いいね、いいね」

おもしろそうなことを見つけては、いっしょに行った。

女装の人たちの集まり。東京の歌舞伎町であったイベント。アダルトビデオ系の人たちが参加するイベント……。

気軽に下ネタを言い合う仲だった。

そんな友だちと旅行に行くことになった。でも、ホテルはどこも満室だった。仕方ないので、ラブホテルに泊まった。

そのラブホは、創業記念のキャンペーン中だった。ラブホからのプレゼントとして、部屋の前のドアに、ふたつのものが置いてあった。

折りたたみの傘とピンクローター。

友だちは、折りたたみの傘がほしい、と言った。彼女は言った。

「ええ、どうしようかなあ」

心の中は、こうだった。

〈ピンクローター、ほしいわあ〉

そして、ピンクローターをゲット。やったね。

彼女は、そのときのことを、ふりかえる。

「ピンクローターって、女性は買いにくい……、というか、買うことが悔しいんです。パートナーがいない、つきあっている男性がいないというのを認めていることに思えてしまって……」

いま、自分の気持ちに正直に生きている彼女。けれど、若いとき、屈辱を受けた。

それは、20歳前後のときのことだった。

年が30歳ほど離れた男性写真家の、写真撮影の手伝いをしていた。その写真家は、いわゆる「大人のおもちゃ」も撮影する人だった。

ある日、写真家に、オリジナルカクテルをつくったからと、強い酒を飲まされた。そして、言われた。

「これ、着てみろ」

示されたのは、「SMの女王様」が着るような、いわゆるボンデージ系の衣装だった。

言われるままに、着た。

〈これ、やばい〉

全身ががっちりと固定されてしまったのだ。あれよあれよと座らされて、両脚を開かれる。動けない、抵抗できない。

写真家は、スーツケースを開く。中には、大人のおもちゃ。ピンクローターもあるし、男性器のようなものもあった。

そして、写真家は、ひとつひとつ、彼女に試していく。彼女は、同意したわけではないけれど、されるままにされる。

彼女は、自分に言い聞かせた。

〈これは、大人になるための経験だ〉

そして、心の中に封印した。

それ以来、男性器のような形をしたもの、いわゆる大人のおもちゃと言われるものが苦手になってしまった。ピンクローターは蛾のさなぎみたいで、ぞっとする。

男性器のようなバイブレーターも、恐怖でしかない。

そんな彼女の心を解放したのが、ｉｒｏｈａ、だった。

〈かわいいし、やわらかいし。あのイヤな大人のおもちゃとは違う。これなら、筋肉痛になるまで楽しめそう〉

心が癒やされていくのを感じた。そして、心の中に封印していたものを、笑い飛ばすことができた。

「あれって、犯罪ですよね　ははは」

子どもたちが成長していく。彼女は、性はよくないもの、性の話をするのははしたないこと、と思わせたくないと思っている。セックスはするな、とだけ厳命する母親になりたくない。もし結婚適齢期というのもがあるのなら、そのときに、突然、「子どもをつくれ」というような母親になりたくない、と思っている。

「そう思えたのも、ｉｒｏｈａのおかげなんです。子どもたちが性について悩んだとき、気軽に答えてあげる親になろうと思えるようになったんです」

自分の性については、どうなのだろう。

「夫も自分も、若いときと違って衰えを感じるんです。セックスをしなくなって、自分たちがつらくなってきます」

同年代の友だちたちに聞くと、全然していないという。ある友だちは、こう言った。

「夫は太ってしまったくせに、おばさんとはセックスしたくない、と言っている」

だんなさんと結婚するまでセックスをしなかった友だちがいた。性の情報は、いろいろ入ってくる。

自分は、絶頂に達したことがないんじゃないか。ダンナは満足していないんじゃないか。そう思ううちに、体がたるんできた自分に気づく。夫婦のセックスの回数が減り、求められることもなくなっていく。

セックスレスなふたりに、盛り上がるタイミングが来たとする。そのとき、女性が男性器のようなグッズをもって、パートナーに「これを試して」とお願いする。

パートナーは、そのグッズを見る。そもそも自分に自信がないのに、さらに自信を失う。きみは、こういうのがほしいのか、と。

「だから、ｉｒｏｈａなんです」と彼女。

「ｉｒｏｈａなら、パートナーに見せられる。ヤキモチを焼かれない。そして、ｉｒｏｈａで、いけるんです。好きなパートナーとは、抱き合うだけでいいんです。抱きしめられるだけでいいんです。いちゃいちゃできて心が満たされたから、仕上げはｉｒｏｈａを使っていくかな、でいいと思っています」

ｉｒｏｈａといっしょにいるとき。それは、自分が自分でいられるとき。

◇

20代後半、メーカー勤務の女性の場合。

もともと、ちょっとエッチなことに興味はあった。触れたいけれど触れられないもの、それがエロだった。

インターネットが普及していく。学校にはパソコンが置いてある。携帯電話、スマホも持たせてもらう。手に入れようと思えば、さまざまな情報が手に入る時代である。自分が興味のあることに手を伸ばせる環境になっている。なので、エロの情報はたくさん知った。

高校時代から、女友だちと、下ネタを話していた。

「あのドラマで、エッチなシーンがあったね」

「あの映画のエッチなシチュエーションは、ありえない」

そんなことを言い合って、ネットで確認していく。

アニメが好きな人たちとネットで交流をしていると、性についてのさまざまな情報が集まってくる。アニメの中には、過激な描写をしている作品がある。

少女同士の愛。男同士の愛、ボーイズ・ラブ、いわゆるＢＬを描いたもの……。

彼女自身、ちょっと「おたく」。仲間と情報を交換していく中で、セルフプレジャーについて知り、ｉｒｏｈａを知ることになった。

女子大に進む。女性の先生が、おもしろい授業をしてくれていた。女性の体を知って大事にしよう、という授業だ。

出産のシーンを、モザイクがかかっていない映像で見る。

コンドームを持ってきて見せてくれる。

彼氏にセックスしたいと言われて断るにはどうしたらいいか。それがテーマになったときは、先生が男役、そして学生のひとりが女役。

「好きだ。いいだろ」「きょうはしたくないの。手をつないで寝よう」

性病、避妊についても、授業でしっかり学んだ。

その授業では、学生は先生に対して、質問などをコメントとしてネットで投げかける仕組みをとっていた。これなら、だれがコメントしたかはまわりには分からない、恥ずかしくない。

彼女は、先生にコメントした。

「女性がセルフプレジャーをするって、体に悪いことなのでしょうか」

先生が言いました。

「女性のセルフプレジャー。いずれ授業でしようと思っていたので、お話しするね」

先生はにっこり。そして……。

「全然していいんだよ、恥ずかしいことじゃないよ。寒い冬にしたら、血行がよくなるよ」

そうだよね、と彼女は思った。まわりの学生たちも、みんな安心した様子だった。

ｉｒｏｈａの商品は、バラエティーショップなどで買えることは知っていた。友だちと、ｉｒｏｈａについて話すことは、何度もあった。でも、1人で店に行って、買って、楽しむ。そこまではできなかった。実物を手に取ることはなかった。

ある日、久しぶりに高校時代の友人たちと集まり、飲み会をした。大盛り上がり。楽しい雰囲気で、はしご酒。

終電、行っちゃったね。そうだね。さて、どこ行こう。

「ショップに行って、ｉｒｏｈａを買っちゃおう！」

１人では恥ずかしくても、みんなで行くので、ぜーんぜん平気。

バラエティーショップに入って、ｉｒｏｈａが売っているコーナーへ。

あっ、これだ。かわいい。これ、部屋の置物にしてもいいね。

１個2千円。みんなで手に取り、レジに並び、買った。

家に帰った。

それまでもセルフプレジャーをしなかったわけでは、ない。でも、いわゆる「おもちゃ」を使ったことはなかった。

ｉｒｏｈａを楽しんだ。

「ｉｒｏｈａでなかったら手を出せなかったと思います」

一個手に取ると、もう気になって仕方なくなる。こんなの出た、あれがかわいい。ホームページなどを見て、チェックする。通販で買うだけでなく、店舗で堂々と買えるようになった。

　社会人になり、働き始めた。もちろん、仕事には全力投球。

「でも、女友だちとの会話って、えぐさを増していくんです。おそらく、男性同士がする下ネタより、えぐいです」

「ひとりでするよね、するよ、って平気で言います。私、ｉｒｏｈａ持ってるよ、と自然に言い合いますし」

「ｉｒｏｈａを使っていない人もいる。でも、私の肌感覚ですが、ｉｒｏｈａのことを知らない女はいないと思います」

　なぜ、ｉｒｏｈａなの？

「ｉｒｏｈａは、私たち女性のために、こだわってつくられています。やわらかいし、害はない。洗えます」

「部屋に置いていても不自然じゃないんです。安心できるんです」

　アダルトビデオに出てくるような、グロテスクなグッズ。見る人を興奮させるためには、それがいいのだろう。

「けれど、もし、グロテスクなグッズを買ったとしたら、どうなると思いますか？」

えーーっと。

「部屋のどこかに隠さなくてはならなくなります。万一、誰かに見つかったら、『女の子がこんなもの持っていて、はしたない』と言われるかもしれません。だから、隠します。でも、秘密を心の奥にしまっておくって、たいへんですよね」

もちろん、グロテスクなグッズを女性が持っていても、はしたないことなどない。世の中の「規範」がそう思い込ませているにすぎない。

だからこそ、ｉｒｏｈａは女性の心を解放するのである。

彼女から、すべての女性へのメッセージです。

使うかどうか迷っている方、使ってみましょう。食わず嫌いはやめましょう。

興味がない方。そのままでいいと思います。

興味を持つ、持たない。使う、使わない。すべて自由なのですから。

◇

3人目の女性。2019年春に学校を卒業、金融系の会社につとめ始めた人だ。

「中学生のころから、TENGAの存在を知っていました」

2018年。TENGAが、irohaのモニターを募集していると知り、応募した。

それまで、「女性が自慰をする」ということさえ知らなかった。

irohaのグッズが送られてきた。初めて自慰をした。

終わって、考えた。

〈男子のほとんどが自慰をしているのに、女性がしないなんておかしいぞ〉

女の子だからエッチなことをしてはいけない。そんな認識がいつのまにか刷り込まれている自分を感じた。

性に関することを口に出すことは控えなくてはならない。そんな「暗黙の了解」が充満していることに違和感を覚えた。

防水性と静音性があるし、素材もよかった。

そんなレポートを送った。

モニターをしてから、心と生活が変わった。

セルフプレジャーという言葉も、心を解放してくれた。同年代の女の子たちに、「オナニー」や「マスターベーション」という言葉は口に出しづらい。

ｉｒｏｈａの3種類のグッズで、セルフプレジャーを楽しんでいる。

「自分が気持ちいいと思うことをしていいんだ。ガマンしなくていいんだ。そう思うようになりました。ただ、これまでの男性側が視覚的に楽しむグッズは、手に取りたくない。女性が男性におもちゃにされている感、支配されている感が強いので」

ｉｒｏｈａとの出会いで、セルフプレジャーが日常生活の一環になった。セルフプレジャーは自分の身体を知ること。いやらしいことでも何でもない。「この認識を少しでも多くの人に伝えられたらなあ……」

もしもステキなパートナーと巡りあえたら……、「いっしょに楽しんでみたいなあ」

コラム② マスターベーション世界調査

日本、そして世界の国々の人たちは、性やマスターベーションのことをどう考えているのだろう。それをデータの裏付けから分析する。

TENGAは2018年、そんな「マスターベーション世界調査」をしました。方法はインターネットで、対象の国は18カ国。日本、欧州、北米、南米、アフリカ、アジアから。それぞれの国の人口を合わせると、世界の総人口のおよそ6割。18歳から74歳までの1万3千人が、調査に協力してくれました。その結果をひもといて参ります。

○マスターベーションの経験率

各国のマスターベーション経験率ですが、日本人は、男性の96%、女性の58%が経験してい

表1 マスターベーション経験率

♂男性		♀女性	
国 名	経験率（%）	国 名	経験率（%）
ブラジル	98（196）	ブラジル	83（221）
メキシコ	97（192）	イギリス	78（1024）
韓国	96（492）	オーストラリア	77（202）
イギリス	96（974）	ドイツ	76（512）
日本	96（483）	アメリカ	76（510）
香港	95（180）	メキシコ	75（208）
台湾	94（497）	ロシア	71（216）
オーストラリア	94（197）	南アフリカ	70（202）
フランス	93（484）	香港	68（220）
ドイツ	93（485）	フランス	68（515）
アメリカ	92（491）	台湾	65（501）
インド	91（209）	ナイジェリア	59（196）
南アフリカ	88（196）	日本	58（517）
ロシア	84（184）	韓国	56（507）
UAE	82（289）	インド	55（197）
中国	80（511）	UAE	52（111）
ケニア	68（202）	ケニア	52（203）
ナイジェリア	68（204）	中国	48（497）

カッコ内は回答人数

ました。また、1週間に1回以上している人の頻度を平均したところ、男性は「週4・5回」、女性は「3・6回」でした。

男性の経験率は、18カ国中5位。上位に食い込んでいます。

女性の経験率は、18カ国中13位。下位にとどまっています。

でも、ここから言えることは、マスターベーション、してるじゃん。するしないは自由。ガマンしなくていいんだよ、ということです。

ちなみに経験率のトップは、男女ともブラジル。男性は98%、

表2　マスターベーション初体験の年齢と頻度

国　名	週1回以上する人（%）	初体験年齢（歳）
メキシコ	42（343）	15.5
アメリカ	39（840）	15.2
ブラジル	37（375）	15.5
イギリス	37（1735）	15.3
ドイツ	35（841）	15.8
日本	33（766）	14.6
オーストラリア	32（341）	15.3
フランス	31（800）	16.2
UAE	26（294）	16.2
ケニア	26（243）	18.4
南アフリカ	26（316）	15.5
中国	25（649）	17.9
ロシア	25（309）	16.2
台湾	25（793）	16.9
インド	24（298）	17.9
香港	23（322）	17.8
ナイジェリア	22（254）	17.6
韓国	19（756）	17.4

カッコ内は回答人数

女性は83%でした。（表1参照）

○マスターベーションを初めてした年齢

マスターベーションを初めてした年齢について日本人男性の平均は13・8歳、女性15・9歳、男女平均は14・6歳となりました。

18カ国中、最も若くなりました。ちなみに、次に若いのがアメリカの15・2歳、つづいてイギリスやオーストラリアの15・3歳。いちばん遅いのがケニアの18・4歳でした。（表2参照）

日本人のマスターベーションを

表3 性生活満足度

国 名	性生活満足度（pt）
インド	85.6
メキシコ	82.3
ブラジル	81.2
ケニア	78.5
ナイジェリア	77.1
UAE	74.3
南アフリカ	73.5
アメリカ	72.3
イギリス	67.4
オーストラリア	66.8
中国	66.4
ドイツ	65.6
フランス	63.6
台湾	62.6
ロシア	62.1
香港	52.4
韓国	40.7
日本	37.9

100pt満点で示した本調査における指標

する理由は、男女で微妙に違っています。

性的快楽を得るため。それが男女ともいちばん多いのですが、男性には快楽を求める傾向が強く、女性の場合、「リラックスしたい」「眠りを助けるため」という志向も強いようです。

○性生活の満足度

これを出すために、TENGAは、10の項目をつくりました。

「パートナーとの感情的なつながり」
「マスターベーションの頻度」
「総合的なオーガズムの頻度」

「総合的なオーガズムの質」
「マスターベーションの質」
「パートナーの性的能力」
「自分自身の性的能力」
「性交の質」
「自分の性的ニーズに対するパートナーからの配慮」
「性交の頻度」

以上の10項目です。そして、それぞれの項目の満足度と、それぞれの項目の性生活における重要度をかけあわせていき、１００ポイント満点で積み上げていきます。

そのポイントで、性生活の満足度を出していくわけですが……。結果は、ある意味、衝撃的。ある意味、さもありなんでした。

18カ国中、日本は最低。

日本のポイントは37・9。トップはインドの85・6。半分以下です。（表3参照）

「性交の質」「パートナーからの配慮」などが重要だと考えているのに、満足していないということが、満足度を引き下げています。

第四章

流通

ＴＥＮＧＡのグッズは、日本中で買うことができます。

ネット通販で？

もちろん買えます。でも、リアルな店で手に取って買えます。

バラエティーショップ。そして、ドラッグストアに行ってみてください。１万を超えるドラッグストアに置かれていますので、おそらく、近くのお店にあると思います。

コンビニエンスストアに置かれていることも、あります。

グッズは一部、海外で生産され、出回っている国は60を超えています。

そして、２０１９年。ついに東京と大阪のデパートに、常設の売り場が誕生するまでになりました。

とんとん拍子にここまで来たのかですって？　そんなわけがありません。

この章は、流通の物語です。

◇

ＴＥＮＧＡの商品の売り場を拡大してきた中心人物は、営業部の島田人作である。

「軌道に乗るまでは、本当に苦労しかなかったですね」

１９６６年。大阪の、ふつうのサラリーマン家庭に、４人きょうだいの長男として生まれた。家族が多いので、早く働かなくてはならない。それには、手に職をつけるのが一番かな。なので、工業高校に進み、電気を学んだ。

卒業してからどうしよう。島田は考えた。

〈電機メーカーに行っても、おそらく、工業高校を卒業した人たちが、たくさんいる。入社しても、その中に埋もれるだけだろうなあ〉

ほかの業種に行こうと思った。

高校の求人票を見た。「花王」の二文字が目に飛び込んできた。先生いわく、いつもなら「ライオン」からの求人が多いんだけど、今年はない、とのこと。

〈ということは、ボクに希少価値がつくかもしれない〉

花王に入社、和歌山の工場で、シャンプーやリンスの生産管理をした。メリット、エッセンシャルなどの生産ライン。ちょっとした電気の不具合で、生産がストップしかねない。

電気の知識が生きる。

工場勤務を2年。そして、運命の異動があった。それがなければ、いまの島田はなかっただろう。

花王が、化粧品事業を始めることになったのである。「花王ソフィーナ」というブランドだ。営業を増やそうと、若手が集められる。島田に声がかかり、大阪で営業をすることになった。

売り込みたいのは、化粧品の専門店だ。でも、そこには……、資生堂、コーセー、カネボウなどなど、先発メーカーが食い込んでいる。がんばっても、なかなか化粧品の店には入れない。

島田たちが、店を説得していく。

「ぼくらはテレビCMを打ち、お客さんを店まで連れてきます。なので、店の前に商品を置かせてください。ぼくらで売ります」

それでも、なかなか牙城を崩せなかった。

戦法を変えた。

それが、薬局やドラッグストアに向けた営業に力を入れることだった。ところが……。世の中は、価格破壊の時代に突入していく。2割、3割引きは当たり前。過当競争。カネボウは経営破綻してしまった。

限界を感じた島田は、知人たちがつくった化粧品のベンチャーに参加し、東京へ。ヘッドハンティングの会社から声がかかり、日用雑貨の問屋さんに転職した。

TENGAの存在は、知っていた。住んでいたところが、TENGAから歩いて10分ほどのところにあって、ときどき、前を通っていたのだ。

島田は、転職情報などをネットで見ていた。自分の力を思いっきり試せる仕事があるんじゃないか、と。

TENGAの記事が載っていた。ドラッグストアでの販売にチャレンジしたいとあった。

〈これ、おれならできるぞ。やってみようかなあ〉

面接に行った。そのころのTENGAには、営業部がなかった。ネットの通販で売り上げは上々だけれど、販売網が極めて弱い。つまり、利用者がリアルに買える場所が、ほとんどなかったのだ。なので、何とかしようとしていたのだが、苦戦、苦戦、苦戦。

「分かりました。その仕事、私がお引き受けいたします」

島田の心の奥底から、燃えるものがわき上がってきた。

〈やるぞー〉

ところが、簡単に行かなかった。苦戦、苦労、苦戦、苦労。

島田は、薬局やドラッグストアを回り始めようとした。そりゃあ、花王時代からの得意なところ、内実も知っている。新しい商品は、熱烈歓迎なはず……。

ストアに電話をしてアポイントをとろうとする、でも、だめなのだ。

「うちは、アダルトグッズ的なものは売りません」

ここもダメ、あそこもダメ、そこもダメ、どこもダメ。

とりつく島がない。島田たちは、相談した。

「アダルトグッズ」という言葉、やめっちまおう。

性的な健康のため、だから……、「セクシャルウェルネス」、「セクシャルヘルスケア」で行こうぜ。TENGAの商品イメージ、変えっちまおう。

あきらめずに営業をしていく。話を聞いてくれるところは出てきた。

けれど、突破しなければならない壁があることが分かった。

まず、ＴＥＮＧＡのような商品を扱ったことがないこと。そして、扱うにあたってのいくつかの問題点が気になるということだった。

問題、それは、ＴＥＮＧＡのグッズに年齢制限があること。陳列を工夫しないと、企業イメージにマイナスだ。

ここであきらめてしまう島田たちでは、ない。ＴＥＮＧＡの社員たちは、心やさしいけれど、革命の闘士なのだから。

風営法や、各都道府県の条例を調べあげた。

この地域では、18禁表示は必須。その地域は、横から見えないように商品を置かないとダメ。地域によっては商品を見せること自体が、ダメ。

横から見えなくすることと、18禁表示。これを基本にすることにした。

売り場にある棚の最上段に置かせてもらう。これは譲らない線にした。

最上段は、目立つ場所である。18禁の商品を目立たせたらマズイという反応がくるかもしれない。島田たちは、こう説明した。

「下の方に置くと、子どもさんたちが手に取ってしまうかもしれません。最上段だと手に取るのがたいへん、取ろうとしたら目立ちます」

マイナスをプラスにする発想。営業人魂である。

でも、でも、でも。

大手のドラッグストアチェーンは、クビをタテに振らなかった。株式を上場しているので、何か問題が起こったら株価が落ちる、たいへんだあ。コンプライアンス（法令遵守）上、なかなか難しそうだった。

突破するには、どうしたらいいだろう。島田たちは考えた。

よし、まず狙うのは、中堅中小だ。おもしろそうだからやってみよう、と言ってくれるところがあるはず。そこで販売しつつ、問題があれば修正していこう。

中堅中小のドラッグストアに営業をかけた。

甘くはない。言葉を「セクシャルヘルスケア」に変えたところで、はたから見れば、どうしても「アダルトグッズ」である。

島田たちは、担当者たちに言った。

「世の中には、障がいがある方がいます。射精障がいがある方もいます。そういう方々に、私たちの商品は必要です。商品を届けるのは、ドラッグストアの使命ではありませんか」

現場の担当者だけでは判断できない。それは仕方のないところ。その上司に、同じ説明をする。説得できた上司に、社内の会議にかけてもらう。

大丈夫なのか。リスクがあるんじゃないか。

そんな疑問の声があがった、と知る島田たち。追加の提案をします。

「でしたら、まず、いくつかの店でテスト販売しましょう」

テスト販売をすると、店の従業員さんたち、とくに女性の店員さんから、疑問の声があがった。「なぜ、こういうものを置くんですか。売りたくない」

理解してくれる店だけに置いてもらった。

大きな問題は起きなかった。取り扱ってくれる店が増えていく。すると……

島田たちに連絡が入る。

「そろそろ、やろうと思っているんだよね」

大手チェーンの人からだった。アポをとろうと思っても、まったく相手にしてくれなかったのに……。水に流しましょう。

取り扱ってくれるチェーンが増えるどころか、いま、大手チェーンで扱っていないところは、ない。

成功事例を積み重ねていくことで、説得力が増す。大成功した会社があれば、ビジネスチャンスを逃すまいと、追随する。古今東西、すべて、そうである。

いま、ドラッグストアで1万店。コンビニでも売られるようになってきた。

島田たちが、これは行けるなと感じたのは、ドラッグストア6千店を超えたころだった。でも、満足しているどころか、課題ばかりを感じているのだとか。

「ここまでTENGAのグッズが広がってきたのは、ヘルスケア、ふつうの商材だととらえる動きだと考えています。でも……」

TENGAの商品は、あくまでも18禁。いわゆる「大人のおもちゃ」とされている。

「それを変えたい。18禁ではなく、誰もが認める、ふつうの商品にしたいのです」

TENGAは、グッズだけでなく、飲み物やTシャツなど一般商材をつくっている。それは、このことを訴えたいという思いがある。

ＴＥＮＧＡはアダルトグッズじゃない！

決していかがわしい商品ではないんだ！

その思いを実現するためには、世の中の理解を広げることが最大の力になる。島田たちは話していた。

「デパートで売りたいね」

おそらく、デパートが、いちばん壁が高い。格式を重んじるところがあるから。

でも、大阪に、うずうずしているデパートの人たちがいたのです。

◇

それは２０１７年ごろのことでした。

ＪＲの大阪駅の上にある、大丸の梅田店。紳士服などのファッションを担当していた松井恭兵さん（１９８７年生まれ）は、考え始めていました。

〈ＴＥＮＧＡさんといっしょに何かできないだろうか〉

会社の先輩に、ＴＥＮＧＡの人と会ったことがある人がいて、話を聞いていたのです。

〈男性用のＴＥＮＧＡを、メンズフロアで売れないだろうか。男の本音には、エロ、があるのだから〉

上司と、話をした。女性に寄り添う店づくり。その中で、セックスを気持ちよくするということもありかもね、と意見が一致しました。

２０１８年４月。松井さんは、ＴＥＮＧＡに行き、話を聞きました。

メンズのＴＥＮＧＡを売るのか、レディースのｉｒｏｈａにするのか。

松井さんは、気心が知れている同僚の澤井裕之さん（１９８７年生まれ）を仲間に引き込み、話し合っていきます。

女性がｉｒｏｈａを安心して買える場所がないらしい。男は、アダルトショップに行けばいい。でも、女性はアダルトショップに行って買うやろか？　行かへんやろ。

バラエティーショップでｉｒｏｈａを買うやろか？　買わへんやろ。

「よっしゃー、大丸梅田でｉｒｏｈａを売ろう」

松井さんは、店の会議で、ｉｒｏｈａを売りたいとプレゼンしました。

「女性の中には、セックスに悩んでいる方がいます。セックスをいいものにしようと考えているご夫婦も、いらっしゃいます。不妊治療をしていらっしゃるカップル、ご夫婦もいらっしゃいます。そういった方々に、寄り添いたいのです」

店内の反応は……、冷ややかでした。

「ほんまに言うてんの？」

店長は、「やろう」と言ってくれた。

よし、社長にオッケーをもらおう。そしたら、だれも文句は言わへんやろ。

チャンスをとらえて、社長に話をしました。

「ｉｒｏｈａの商品は、夫婦愛を強め、ムードを高めるものです。コミュニケーションの道具です。デパートではどこも扱ってこなかった商品です」

聞いていた社長は、オッケーを出してくれた。

中途半端にこそこそと店の隅っこで売るのではなくて、売り場をつくって堂々とやろう。

社長の了解をもらい、ＴＥＮＧＡに報告に行きました。

ＴＥＮＧＡの人たちは、めっちゃ喜びました。これまでにも、いくつか話はあったけれど、社内の稟議が通らず、おじゃんになってきたのでした。

しっかりしたショップをつくっていくことになりました。期間は2018年の8月下旬からの2週間限定。

TENGAのスタッフは、本気になりました。

デパートの売り場に、irohaの売り場をつくります。その売り場を囲い、外からは、何かやってるけれど、完全には分からない。そんな売り場です。

いかにも卑猥《ひわい》な感じでの「18禁」と掲げるのは、やめる。その代わり、売り場の入り口に、淡い桜色ののれんを掲げる、ということにしたのです
大丸社内の女性たちも、いろいろな意見を出してくれました。

けれど、反対の声がなくなったわけではありませんでした。

「あんたら何してんの、とお客様から言われたら、どう答えればええの？」

「アダルトグッズを売るってどうやねん、と言われたら、どうすんの？」

販売開始の前日。松井さんと澤井さんのふたりは、急に心配になってきました。

「お客さまからのクレーム、どんだけ来るやろ？」

「本当に売れるんか。売れんかったらどうないしょ」「責任問題やな」

「めちゃめちゃ怒られたら、どないしょ」

「やばいなあ」「うん、やばい」

ふたりは飲みに行きました。深夜1時ごろまで飲んで、飲んで。しらふでいたら、心が参ってしまいそうだったのです。

そして……。

2週間、お客が絶えることはありませんでした。お叱りの電話もあったけれど、何とか理解をしてくれました。

足を運んでくれた客はおよそ1500人、売り上げは390万円。3倍以上、目標を上回りました。来店してくれた方々の反応です。

「店に入りやすく、安心して、ゆっくり商品を見ることができました」（20代女性）

「初日に一度来たのですが、夕方で混雑してたので断念、再度、来ました。閉経して挿入できなくなってきたので、トレーニング用のアイテムを見にきました」（60代女性）

「友人にプレゼントして笑ってもらいたいです」（40代女性）

「グッズに興味があったんですが、入りづらい店ばかりで勇気が出なかったんです。大丸なら安心感があると思って来ました」（30代の夫婦）

「女友だちへのプレゼントを選びに来ました。グッズを触ったのは初めて。どれもかわいくて、選ぶのに迷いました」（20代女性）

２０１８年11月、２回目の販売をしました。女性のさまざまな性の悩みを相談できるコーナーも設けました。大成功でした。

松井さんと澤井さんは、誓い合いました。

ぼくたちは、ＴＥＮＧＡさんといっしょになって、性で悩んでいる女性に寄り添うんだ。ソリューション、つまり解決策を提示するんだ。

松井さんは言います。

「お客さまの中には、こんな方がいらしたそうです。『私は性のことで悩んでいました。悩んでいるのは自分だけだと思っていました。でも、違いました。同じ悩みを抱えている方がいるのですね』。それも、現実の店舗で売ることの意義なのです」

「洋服などファッションを売るだけが百貨店ではない。あらためてそう思います」

そして、2019年11月。大丸梅田に、常設の売り場ができました。もう、社内からの反対意見は、ありません。

◇

TENGAの製品は、いま、世界60を超える国で売られている。

立役者のひとりが、世界へのPRの中心として活動してきたエドワード・マークリュー。広報宣伝の部長として世界各地を回り、TENGAを広げてきた。

1987年、東京生まれ、国籍は日本。父は英国人、母は日本人。きょうだいは、姉がひとり、異母きょうだいがふたり。

父はITの会社で働いていたが、エディーが生まれてまもなく退職してしまう。エディーは3歳のとき、日本人である母と姉と3人でロンドンに渡る。英国人の父は日本で暮らす。そんな逆転暮らしが始まる。

19歳のとき、異母きょうだいのうちのひとり、兄が日本で結婚することになった。兄から連絡が来た。

「エディー。日本に興味があるだろ。生まれた国だし、結婚式に来いよ。飛行機代、出すから」

エディーは、来日、母の姉のところに泊まらせてもらった。結婚式が終わり、しばらく日本で遊んで、イギリスへ帰ることにした。飛行機代を出してもらおうと、兄に電話すると、つれない返事。

「ハネムーンを終えたばかり。帰りの飛行機代は出せないぜ」

え？　英国に帰れないじゃん。

働いて稼ぐしかない。国籍は日本。住民票をおばさんのところにして、小中学生に英語を教える学校で働いた。

ふつうに仕事をしたら、2〜3カ月でロンドンへの飛行機代は稼げた。けれど、そのまま20歳を過ぎ、お酒を飲める年齢になった。なので、来月には帰ろう、来月には……。それを繰り返して、およそ1年たち、東京の吉祥寺に住むことにした。

吉祥寺は、住みたい場所として人気のところである。駅の周辺は、にぎやかな繁華街が広がる。エディーは、そこで飲み歩いていた。

その目的のひとつは、日本語をスムーズに話せるようになること。飲み屋で日本の酔客と話をするのだ。会話が流暢にできるようになってきた。

けれど、学校では、子どもたちに、こうあいさつしていた。

「おっはようございまーす」

外国人丸出しの、あいさつである。わざとへたくそな日本語を話さないと、子どもたちが英語を学ぶことをさぼるからだった。

1年ほどで、日本語がさらに上達、新聞も読めるようになる。学校の先生に飽きてきた。そこで、吉祥寺にある、小さなバーで働くことに。イラン人が経営する、水たばこのバーだった。

常連のお客さんの多くは、日本人。親しくなっていく。ある常連さんが言った。

「エディー、これ英訳してみて」

エディーは、さささっと訳す。「エディー、これも英訳して」と常連さん。さささっと訳した。

「すごいよ、エディー。今度、うちの海外事業部の人間、連れてくる」

その常連さんが、TENGAの社員だったのだ。

常連さんが、海外事業部の人を連れてやってきた。そして、TENGAのサイトの英訳の仕事をすることになった。

出来上がった翻訳は、高い評価を受けた。社員とも顔見知りになっていき、2010年、TENGAへ入社した。

エディーの担当は、海外でのPRである。

各地を回り、エディーは地域によっての違いを、目の当たりにしてきた。

アジアは、男性の性について、おおらか。とくに、日本、台湾、中国などでは。友だち同士なら、ちょっと酒でも飲んだら、気楽に話している。TENGAについても、ジョークをまぶしながら話ができた。

ところが、米国では、男性のマスターベーションの話はタブー、という傾向が強かった。マスターベーションをする男＝もてない男、とされてしまうのだ。

欧州は、国によって違う。長くなるので、ここでは割愛する。

・irohaについて言うなら……。
欧米の女性は、興味津々。男女平等が進んでいるからだろうか。役職についている忙しい女性は、自分の性は自分で解決する、という傾向が強かった。

性暴行に対する＃Me Tooの動き。米国では『セックス・アンド・ザ・シティ』などのドラマもはやっている。女性の性愛小説『フィフティ・シェイズ・オブ・グレイ』を、女性たちは電車の中で読んでいる。私は性を楽しんでいる、と堂々と言っている。

「日本とは真逆ですね」とエディー。

ということは……。

日本で、かけ声だけでなく、女性たちが本当に活躍するようになれば、「女性が性のことを言うのははしたない」とする世の中が変わる、きっと。

コラム③　バルセロナから来た女

スペインのバルセロナに、ひとりの大学生がいました。

彼女の父はスペイン人、母は日本人でした。兄と弟がいます。みーんな、スペインにいます。

彼女は、スペイン語、カタルーニャ語、英語がペラペラです。さらに、小学校のときに現地の日本人学校に通っていたので、日本語も、とーっても上手です。

彼女は、大学で工業デザイン、エンジニアの勉強をしていました。自動車会社などどこかのメーカーに就職し、デザイナーとして活躍することを夢見ていました。

彼女には、どうしても気になることがありました。

それは、大学の近くにあるアダルトショップでした。自分とは関係ない店だと思っていたのですが、興味はあります。デザイナーになるには、何ごとも見てみることが大切です。

ある日、彼女は店に入ってみました。

女性用のグッズが目にとまりました。和菓子のような形で、色もきれいです。かわいらしい、とさえ思ってしまいました。

〈ここってアダルトショップだよね。これは何？　全然イヤらしくないんだけど〉

この製品には、「ｉｒｏｈａ」というブランド名がついていました。

家に帰ってパソコンで調べました。日本にある「ＴＥＮＧＡ」という会社がつくっていると知りました。

〈なるほど、あのデザインは日本ならではの発想だ。納得した〉

ＴＥＮＧＡのホームページを見ました。きれいでした。女性が何を求めているのかを女性がトコトン研究し、製品に仕上げていると知りました。

グッズって男性目線でつくっていることが多いと思うけど、ここは違うのです。

〈女性が女性のためにグッズをつくっている。すごい〉

この会社なら、自分は新しいことができるかも、と思いました。

自動車会社などに就職したとしても、デザイナーとして自由な仕事ができないかもしれません。自動車は18世紀に誕生しました。蒸気、ガソリン、電気……。動く原動力は進化し、いまの形になってきました。

自動車会社といえば、大きな組織です。彼女が入社したとしても、花形デザイナーとして活躍するには時間がかかりそうです。すでに300年の歴史を経てきたものです。次の進化に向けた歯車、で終わるかもしれません。

〈私は工業デザインの勉強をしてきた。たとえば自動車をデザインするとして、どこまで新しいことができるだろう〉

〈TENGAは、女性の目線で女性が求めているものをつくっている。デザイナーとして新しいことができるんじゃないか〉

彼女は、TENGAに入社したい、と思いました。

彼女の名は、ジェンマ・イズミさん。1994年生まれ。

思いついたら、すぐに行動する。それが、ジェンマさんの信条です。

TENGAに入ると決心したのは、2018年の3月でした。

さて、彼女は、どんな行動に出るでしょうか。追跡してみましょうか。

◇

ジェンマさんが机に向かっています。何をしているんですか？

「日本語の勉強をしているんです。自信がないので……」

ふだん使っている言葉はスペイン語とカタルーニャ語。なので、日本語の復習をしているのでした。そして、日本語で履歴書を書き、ＴＥＮＧＡに送りました。

しばらくすると、ＴＥＮＧＡから「面接をしたい」と連絡が来ました。

ジェンマさん、悩んでいます。どうしました？

「ビデオ電話での面接でもいい、と言ってくれているのですが……。私、日本語に自信がないので……」

映像でのやりとりだけだと、自分の思いが伝わらないかもしれません。不安です。ジェンマさんが友だちに相談すると、「電話での面接でもいいじゃない」とのこと。

でも……。

ほどなく、ジェンマさんは大学を卒業します。

そして、２０１８年６月、ジェンマさんは日本への飛行機の中の人、になりました。

思い切りましたね、ジェンマさん。

「直接会って話をしないと、私の思いが通じないかもしれません。後悔だけはしたくないんです」

「卒業したばかり、人生、まだ始まったばかり。TENGAに入れなかったら、バルセロナに戻ればいいや」

あなたの思いは、きっと伝わります。日本語、めちゃくちゃお上手ですから。

じつは、ジェンマさんの母の実家が群馬にあり、夏休みなどを利用して遊びに行っていました。なので、日本に行くのは慣れっこ。そのことも、彼女の思い切った行動を後押ししたのでしょう。

意を決しての日本に、降り立ちました。ジェンマさんは、TENGAにメールしました。

「日本に来ました。面接はいつでしょうか?」

日取りが決まりました。7月の中旬です。

TENGAにメールすると同時に、ジェンマさんは、東京の都心に出てきました。そして、スペイン料理店を回り始めたのです。何をしているんですか?

「アルバイトしなくっちゃ」

ジェンマさんの計画は、こうでした。

面接までには1カ月ある。さらに、7月中旬の面接で就職が決まったとして、入社は9月だろう。それまでの生活費を稼がなくてはなりません。

自分にできることは何かな〜。スペイン料理店でのバイト、を思いついたのでした。

そして……。いよいよ面接です。

スペインのアダルトショップで、ｉｒｏｈａを見たときの感動。女性の視線で、女性のことを思ってグッズをつくっていることへの共感。デザイナー、エンジニアとして活躍したいという決意。

ジェンマさんは、それらを、精一杯話したのでした。

そして、ＴＥＮＧＡからメールが来ました。

就職、内定です。内定面談があるから、来てください、と。

〈やったーーーー！〉

ジェンマさん、ＴＥＮＧＡで面談します。面談を終えた彼女は、エレベーターで降ります。

顔いっぱいの笑みとともに、ジェンマさんはバイト先に向かって走りだしました。

〈やった、やった、やった〉

入社の内定をもらったスペインの女性。そうとは知らずにジェンマさんの姿を見たＴＥＮＧＡの社員は、こう思いました。

「あの人、危ないんじゃないか？」

２０１８年９月、ジェンマさんはＴＥＮＧＡの社員になりました。

まずは、さまざまな仕事の手伝いから始まりました。

モーターをいじることが、できました。３Ｄプリンターが、使えるようになりました。写真撮影のサポートも経験しました、図面を描くこともできています。

ｉｒｏｈａにかかわる、いくつかのプロジェクトのメンバーにも加わっています。

もし、自分が大きなメーカーに入っていたらなかなかできなかったであろうことを、次々に経験しています。

あるＴＥＮＧＡの社員は、ジェンマさんについてこう思っています。

「『日本のジェンダー』に染まっていない。日本の女性がｉｒｏｈａについて語るとき、だれかに何か言われて傷ついてしまうことがあります。でも、彼女には、それがありません」

「自己肯定感が強くて、いつもポジティブ。これをしたい、あれをしたいと手を上げ続ける。バルセロナからやってきた、太陽のような人です」

◇

日本のジェンダー、日本の社会的性別。それは、あまりに古めかしいものです。男は男の役割があり、女は女の役割がある。カップルは男性と女性という組み合わせしか認めない。夫婦別姓を認めない。

そういう考え方にとらわれている人たちが、たくさんいます。そういう人が政治の中枢や官僚組織の中にいます。

でも、法律が何と言おうと、エラい人が何を言おうと、日本の社会は、変わろうとしています。

男と男、女と女という組み合わせも、いい。ひとりひとりの自由じゃないか。

バルセロナからやってきたジェンマさんから見た日本、を語っていただきましょう。

「日本では、女性はメイクしないとダメ、という考えが強いです。それがマナーだとされています。だったら、男性もメイクしてください。それがマナーです」

つまり、化粧をするもしないも自由だというのです。男も女も平等でいきましょうよ、というのです。

「日本の電車に乗っていると驚きます。いや恐怖さえ感じることがあります」

満員電車だから？　女性専用の車両ができるほどだから？

「答えは、脱毛の広告です。都会の電車に乗ると、どの車両にも、あふれかえっていますよね」

女性はつるっつるで、メイクをしていて、いつもいい香りがする。そうでなければ女性ではない。社会がそういうメッセージを送っていると感じるのだそうです。

スペインで腕の毛を剃っている人は、ほとんどいない。毛がはえているのは当然、だって人間だもの。

「女性がすごく窮屈で、型にはめられている感じ。もっと自由に生きていけたら、みなさんハッピーになるのに、と思います」

ジェンマさんが「恐ろしい」と思っていることは、ほかにもあります。

「男性が、『ブス』とか、平気で言っていることです。男性と女性という枠を決めてしまっている。結局、女性は弱い立場に立たされる。日本って、女性へのプレッシャーがすさまじいですね」

第五章

性の悩みも表通りに、そして性教育へ

「性を表通りに、誰もが楽しめる社会に変えていく」

何度も書いていますが、これがＴＥＮＧＡの目標です。

性行為は、気持ちよいこと、心の安らぎです。

でも、時として、苦悩へと変わります。

なかなか射精できない。強くにぎらないと射精できない。パートナーとのセックス中に射精できない。女性の膣の中で射精できない。早漏で、もたない。パートナーとのセックスが苦痛だ。

子どもがほしいのに、できない。パートナーが悪いのでは、と疑心暗鬼になる。自分が悪いに違いないという自己嫌悪。

不妊に苦しむのは、圧倒的に女性の方が多いのだそうです。病院に行くのも女性。でも、じつは、不妊の原因の半分は男の精子の問題だ、と言われています。

ＴＥＮＧＡは、アダルトグッズをつくるだけの会社ではありませんでした。社長の松本光一さんは、ＴＥＮＧＡを設立したときから、医療とＴＥＮＧＡを結びつける構想を持っていました。

ＴＥＮＧＡ、そして、ｉｒｏｈａは快進撃をつづけました。

そして、会社設立から10年、２０１５年。医療とＴＥＮＧＡを結びつけるためのリサーチが始まりました。ＴＥＮＧＡの人たちは、さまざまな学会に足を運び、医者の意見を聞いていきます。

「ＴＥＮＧＡは、射精障害のリハビリに使えます」

そんな声がありました。使っている現場もありました。

一方で……。

「アダルトグッズのイメージが強くて、使いにくい」

医者や患者さんの中からは、そんな声もありました。

よし、はじめから医療用に使う、そんな目的のＴＥＮＧＡをつくろう！

２０１６年、「ＴＥＮＧＡヘルスケア」という会社を立ち上げました。

そして……。

男の性機能を高めるトレーニングができるグッズをつくりました。刺激のレベルを5段階に分けて、マスターベーションをするグッズ。名付けて、「メンズトレーニングカップ」。

弱った精子を元気にするサプリメントもつくりました。

自分の精子が元気なのかをスマホでチェックできる拡大鏡もつくりました。

性機能の学会に参加したり、大学の医師などと共同研究と開発をしたり。

TENGAを患者さんに勧める医師が、各地で現れています。

性の悩みも表通りに。そして、解決してみせる。

この章では、そんな思いにかられている人たちを追いました。

◇

TENGAヘルスケアの初代社長、佐藤雅信。

1982年、千葉県の習志野市に生まれた。少年時代の夢は、警察官。マンガ『こちら葛飾区亀有公園前派出所』が好きだったから。

初のマスターベーションは5歳、という強者である。

筑波大学で文化人類学のゼミに入り、そこで性教育を勉強した。性のこととなるとタブー視する世の中に疑問を感じていたから。自慰することで感じてしまう後ろめたさを払拭したい、という思いがあったから。

障がい者の自立を支援するサークルのメンバーとして障がい者を介助、障がい者の性にも触れた。

２００５年の秋、あと半年余りで卒業というときのことだった。同じゼミの女性が、佐藤に言った。

「これ、おもしろいよ」

見せてくれたのは、雑誌『ａｎ・ａｎ』。そこに、ＴＥＮＧＡのことが載っていた。興味津々。佐藤はＴＥＮＧＡのホームページにアクセスした。

そこには、例の文句が書いてあった。

「性を表通りに……」

共感した。

まだ、株式会社ＴＥＮＧＡは、できたばかり。社員募集はしていなかった。けれど、半ば押しかけ、アルバイトとして働くことになった。

TENGA社長の松本と佐藤には、TENGAを医療と結びつけたいという思いがあった。けれど、できたばかりの会社だ。まずは男性用、次に女性用の製品をつくり、売ることを優先しなくてはならない。ヘルスケアに資金と人材を回す余裕はなかった。

佐藤は、障がい者の性についての勉強会に参加したり、医大の先生に誘われて学会に参加したりしていった。

けれど、30歳を過ぎたころから、自分の体が変わっていくのを感じるようになった。性欲がガクンと落ちてきたのだ。

セックスどころか、マスターベーションもしなくなっている自分。「性を表通りに、より楽しくしよう」。そう思ってTENGAに入社した。なのに、性への興味がなくなっている。

〈こんな気持ちで、TENGAで働いていていいのか?〉

〈いいわけがない。ダメだ〉

自問自答した。

〈ボクは、どうすればいいんだ?〉

思考回路、ぐるぐる。

〈ボクの役割は何だ？〉

そして、答えが導きだされた。

〈自分のように性を楽しめなくなっている方たちをサポートする、それがボクの役目だ〉

そして、ＴＥＮＧＡの起業から10年たった２０１５年春、医療用のＴＥＮＧＡ開発に向けたリサーチが始まった。次の10年をにらんでの事業拡大、である。

ＴＥＮＧＡの中に「医療部」ができ、２０１６年、「ＴＥＮＧＡヘルスケア」として分社化された。そして初代社長に、佐藤がなった。

「性を表通りに、誰もが楽しめるものに変える」。それがＴＥＮＧＡの使命である。

性の悩みを表通りに、誰もが向き合えるものにする。悩みを解決して、性生活を楽しんでもらう。

それが、ＴＥＮＧＡヘルスケアの使命だ。

◇

翌2017年、鈴木雅則が2代目の社長になった。TENGAをいったん離れて戻ってきた男、である。

1979年、鈴木は埼玉の春日部市生まれ。高校時代、野球の強豪校として知られる春日部共栄で、野球をしていた。鈴木自身、甲子園の土は踏めたけれど、腰のヘルニアに泣いた。

東京六大学に入り、神宮球場でプレーしたかった。だが、ヘルニアがたたり、私立の5大学から声がかからなかった。ちなみに、東大には、スポーツ推薦の制度がない。

千葉の大学で、野球はつづけた。プロ野球選手になることを夢見たが、実現できなかった。

鈴木は高校生のころから、自分で会社を経営したいとも考えていた。プロの道を断念した鈴木は、モーレツに起業を意識しだした。

それには、お金のことを知らなすぎる。

鈴木は、会計事務所に入った。お金の流れを勉強し、簿記の資格も取った。

2005年。たまたま、TENGAの会社設立をサポートすることになった。社長の松本を知った。松本の熱さを知った。松本といっしょに「性を表通りに」を実現したいと思った。会計事務所を辞めて、TENGAに転職する。佐藤と同じ時期に働き始めたことになる。

昼は生産工場、夕方から営業、夜は会計。いわば、TENGAの何でも屋、だった。けれど、がんで母が死去したことをきっかけに医療に興味を持ってしまった。鈴木は、一度TENGAを離れ、医学系出版社で仕事をしていた。

連絡をとりつづけていた佐藤から、会社をつくるのでいっしょにやらないかと誘われてTENGAに戻る。そして、2017年、TENGAヘルスケアの2代目社長になった。

佐藤や鈴木は、大学病院の先生らと、性機能などについて研究を重ねている。先生たちも悩んでいた。研究したくてもパートナーになってくれる企業がなかったのだ。

TENGAヘルスケアは、先生たちと協力し、さまざまな製品を開発し、世に問うてきた。２０１９年、鈴木は会社を去った。決断をするのも自由、そして、きっと正しい。

◇

この本の筆者である私は、初老の男です。情けないことに、男の性についての知識が、ほとんどありません。

佐藤さんと鈴木さん、問題を出してください。

「では、第1問。女性の『膣』の中で射精できない『膣内射精障害』。この疑いがある日本の成人男性は、何人に1人ぐらいでしょうか」

えーっと。１００人に1人ですか。根拠はありませんが。

「間違い。20人に1人に疑いがあります。不適切なマスターベーションをしてきた男性が、その刺激が癖になってしまって障害を負ってしまうのです。うちで出しているトレーニングカップでは、刺激の強いものから始めて、だんだん弱い刺激のものに慣れていく、というトレーニングができます」

「第2問。私たちは、サプリメントは3カ月飲んでくださいい、とお願いしています。なぜでしょうか？」

分かりません。えーーー、3カ月も飲みつづけなくてはならないんですか？

「新しい精子ができるまでには約74日、それが体外に出てくるまでには約3カ月かかるからです」

サプリメントを発売して4カ月になったころから、利用者から効果があったという声が来るようになったとのこと。

「では、第3問。男性が朝立ちすること、勃起することは、とても大切なことです。なぜでしょう？」

えーーっと。男の元気度を測るバロメーターだから。

「ブッブー。血液の巡りが悪くなっていると、心筋梗塞《こうそく》などの心疾患につながりかねない、という研究結果が出てきています」

ということは、EDって……

「そうです。危ないんです。そのあたりも、医師のみなさんと研究をつづけています」

まじっすか。私、やばいかも。

◇

2019年5月。TENGAヘルスケアは、「セクシャルウェルネスフォーラム」という名のイベントを始めた。

セクシャルウェルネス。これは、性的な健康や充足感、ということである。体の機能、心など、さまざまなことが原因で性を楽しめない人たちの悩みに向き合い、セクシャルウェルネスを高めていこうというフォーラムだ。

このイベントは、随時、開いていくという。いや、開きつづけなくてはならない。なぜなら、性の悩みは、自分で抱え込んでしまうことが多い。相談しにくいし、情報に触れることもためらってしまう。

だから、イベントで、悩みへの向き合い方を発信し、自由に話していかなくてはならない。

2019年5月が、第1回目。テーマは……。「人生100年時代のセクシャルウェルネスを考える」

参考になるので、概略を記しておく。

まず、岡山県にある川崎医科大、その教授である永井敦氏が演壇に立った。「エイジングと性」との題で語られたことはというと……。

ED治療をする4割が、65歳以上の高齢者である。75歳以上としても8％を占める。高齢者も性機能を回復しようとする時代だ。

性欲をつかさどるホルモンであるテストステロンは、減ると、うつ病やメタボリックシンドロームなどにつながる。

テストステロンは、何歳になっても分泌されつづける。つまり、高齢男性でも性欲は残る。年齢を重ねて性機能が低下すると、性欲はあるが性機能が低下している、というギャップが生じてくる。ギャップがあると、その人のQOL（クオリティ・オブ・ライフ）全体が下がる。

「高齢者であっても、性欲と性機能を維持し、豊かな性生活を送りましょう」

これが、永井氏のメッセージ。ちなみに、QOLは、「生活の質」と訳される。

フォーラムで次に話をしたのは、千葉県にある順天堂大学医学部附属浦安病院、その教授である辻村晃氏だった。「男が変われば不妊は変わる」という題で語られたことを要約すると……

5・5組の夫婦につき1組が、不妊の検査・治療を受けたことがある。そのうち、およそ半分は男性のみ、または、男女両方に不妊の原因がある。だから、男性にとって不妊治療は重要だ。

昔は100人に1人と言われていた無精子症は、いまは50人に1人ぐらいいる。単に精子の数の問題というだけではなく、早死ににつながっているというデータもある。つまり、精液は健康のバロメーターである。

精子をつくる機能が低下する要因は、肥満や喫煙だけではない。精巣を温めることになってしまう膝上でのパソコン作業もよくない。精子の動きが悪くなるW-Fiもよくない。そして、最も大きな要因は、加齢だ。

「不妊症の男性患者は、勃起力が低下している。また、精液の活動が悪くなっている男性はEDになりやすい、未婚のED男性は精液の検査をしておくことが大切です」

イベントでは、TENGAヘルスケアの社長だった鈴木も話した。

「TENGAヘルスケアは、医療の領域と、快感を追求するプレジャーの領域というふたつの領域の間にあります。性の健康や充足感の維持を目的としたセクシャルウェルネスの領域に注力して取り組み、性の悩みや問題のない社会を目指します」

そして、女性向けのセクシャルウェルネス製品の開発や、医療機器の開発も進めていく、と語った。

２０２０年秋に開催される国際性機能学会。日本では初めての開催、場所は横浜。TENGAヘルスケアは、そのメーンスポンサー。それに向けて、全力投球中だ。

「不妊治療、妊活、機能障害。学会に向けて出したい製品、アピールしたいこと、そのアイデアが、たーくさんある」

◇

性で悩んでいる人が向き合うもの。それは、TENGAヘルスケアが出す商品です。

そして、もちろん、医者です。私（筆者）は、3人の医者に話を聞きに行きました。

まずは、東京からビューンと1千キロ。鹿児島市で「福元メンズヘルスクリニック」を開業している福元和彦さん。彼は、こんな異名を持っています。

「TENGAドクター」

この異名には、TENGAからの太鼓判が押されています。

大学病院などでTENGAと共同研究などをしている医者たちからは、こう言われました。

「ボクらはTENGAドクターとは名乗れないので、どうぞどうぞ」

鹿児島市の繁華街、天文館。クリニックは、そこからほど近いところにあります。鹿児島市役所のすぐ横です。

なぜ、ここで開業しているのですか？

「EDなどで悩む患者さんが、鹿児島県中から来られます。離島に暮らす患者さんでも、鹿児島市に来る用はあります。そのついでに寄ってもらえればいいと思うものですから」

ＴＥＮＧＡドクターを名乗るまでの福元さんの歩んできた道を、少したどりましょう。

◇

１９８０年、鹿児島市に生まれた。父は医者。なので、まわりに「おまえも医者になるんだろ」と言われてきた。

高校生のとき、それに反発。父に言った。

「医者なんかになりたくない。宇宙工学を勉強するんだ」

大学受験。宇宙工学を勉強したいと思っていた大学に、落ちる。医学部も受けていたが、そこも落ちる。浪人することになった、と父に告げる。父は言った。

「医者の仕事は、おもしろいぞー」

浪人させてもらえるのだから、医者になるしかないと思った。けれど、物理は得意だけれど、あとの教科が……。３浪の末、川崎医科大学に滑り込んだ。

まんべんなく医学を学び、５年生のころ、透析を学びたいと思った。学べるのは、腎臓内科か泌尿器科。実習を重ねていく。そして、泌尿器科を選んだ。

理由は……。

まず、ライバルが少ない、である。

日本に医者は、ざーっと30万人。そのうち10万人が内科医、10万人が外科医。あと10万人が、マイナーな科の医者たち。その中でも、泌尿器科医は7千人ほどである。

そして、診療する分野が広いこと、である。

腎臓がん、前立腺がんなど、がん治療もある。尿管結石、感染症、膀胱炎、性病。そして、男性不妊もある。

7千人が、これらを網羅する。でも、おのずと得意分野が限られてくるだろう。ということは……。

何かの分野ではトップの医者になれる可能性が出てくる。

さらに、川崎医大の担当教授が、父に言ったことも大きかった。

「息子さんをきちんと育てて、鹿児島に帰します」

こうして、川崎医大で泌尿器科を学んでいく。

その教授は、日本での、性の悩みを解決するセックスセラピストの先駆けだった。教授が治療していたのは、勃起障害、射精障害など、男の悩みの解決だった。

外来患者が、教授の診察を受ける。福元は助手として、やりとりを聞く。

「セックスがうまくできないんです」「嫌なトラウマがありまして……」

それらが、教授のアドバイス、そして、ときどき薬で、一歩ずつ解決に向かっていくのだ。

教授の、事実上のカバン持ちもした。性の学会にお供として参加する。参加者に若い人はあまりいないので、20代の医者の卵は、珍しがられ、かわいがってもらった。

飲み会などにも連れていってもらい、学会の先生たちとの絆が生まれる。学会で福元が、症例や新薬の効き目など、何かしらの発表をする、それが恒例になった。

排尿機能やアンチエイジングについても勉強した。大学院で血管機能の若返りを研究。

2017年、鹿児島に戻った。父は、同じビルで、泌尿器科のクリニックをしている。福元は、そちらの医者でもある。

メンズクリニックには、1日10人ほどの患者が来る。

ＴＥＮＧＡヘルスケアの関係者とは、学会で知り合っていた。いっしょに何かできたらいいね、と言っていた。

鹿児島に戻り、酒場で、友だちや店の常連さんなどと、わいわい飲む。

「一般の人に性の知識がなさすぎる。最低限の知識もないのにセックスしている」

そんなことを話しているうちに、決まって、ＴＥＮＧＡの話になる。

「マスターベーションのグッズじゃなく、医学的なものとして大事なんだよ。分かるか、みんな」

「ＴＥＮＧＡヘルスケアのグッズは、早漏のトレーニングに効果がある。週2回、6週間のトレーニングで、挿入から射精までの時間が平均で5分も延長するんだ。すごいだろ」

そんな夜を過ごしてきた、ある日の酒場で、知人が言った。

「先生、おもしろいじゃん。イベントしたらいいじゃん」

それ、ありだな。イベントに集まったみなさんが性を学ぶ時間、それをしよう。

イベントの名は、これにしよう。

ＴＥＮＧＡナイト

夜、カフェなどで、みんなと語り合うのだ。2018年からは、月に一度のペースで開いている。福元は、TENGAができた経緯などを話す。そして、医療用のTENGAがあることを話す。たいてい、こう言われる。

「へぇ〜、知らなかった」

福元は、女性だけを集めたTENGAナイトも開いてきた。

「自分の性のことをフルオープンにすることはないけれど、こそこそしすぎるのもよくないよ」

福元がそう言うと、女性たちは、お互いに、「オナニーしてる？」と聞き合うようになる。参加者から、こう言われるのが、福元にとって、何よりうれしい。

「友だち同士でも、いままで性の悩みを言えなかったんです。でも、相談できるようになりました」

自分はTENGAに乗っかっているだけ、と思っている。その恩返しは、少しでも、例のキャッチフレーズに貢献することだ。

「性を表通りに、誰もが楽しめるものに変えて行く」

私の取材が終わった。さあ、東京に戻ろうか。そう思っていたら、福元さんからクイズを出されました。

「射精すると出る液体。あの中身は何でしょう？」

えーっと、精子ですよね。

「そう思うでしょ。違います。あの中に、精子は1％しか入っていません。あとは、前立腺液と精嚢液。精嚢液には、精子に栄養を与える養分があります。前立腺液は、精子を弱アルカリ性に保つ成分が含まれています」

なるほど。アダルトビデオで、白い液を使った性描写がありますね。

「あのとき、精子がいっぱい出たね、とよく言いますよね。でも、精子がいっぱい出たか、分からないんです。だって、見えないんですから。顕微鏡で見ないとダメなんです。もしかしたら、無精子症かもしれませんからね、ははは」

なるほど。参考になりました。

◇

次のお医者さんは、京都府の福知山市。「京都ルネス病院」の泌尿器科、その医長をしている小林知広さん。

TENGAのグッズは、2015年ごろから医療に使っています。女性の腟の中で射精ができない障害を乗り越えるのに使えるのだそうです。

女性経験が少なく、年齢が高めで結婚する男性に、この障害が多いのだそうです。ずっと刺激の強いオナニーをしてきたからです。

手できつく握ってきたり、床にこすりつけてきたりした人。その癖がついてしまうと、女性の腟では刺激が弱いのです。

でも、女性は悩んでしまいます。

「自分のは、ゆるゆるなんじゃないですか？」

小林さんは言います。

「そうではありません。奥さんは、まったく問題ありません。すべては、だんなさんの問題です」

そして、男に言うのです。

「TENGAぐらいの刺激で射精できるようになりましょう。はじめは、いつものように手や床でオナニーをしてかまいません。ただ、最後の射精する瞬間だけTENGAを使いましょう。そして、TENGAを使う時間を、徐々に延ばしていきましょうか」

TENGAがあるとないとで、治療は全然違うと言います。TENGAがあるので、オナニーをするときの強度を、医者と患者とで共通認識できるのです。TENGAがなければ、こんな感じ、あんな感じと、あいまいなまま治療をしなくてはなりません。

「TENGAが、患者さんと医者の橋渡しをしてくれています」

◇

1984年、広島の因島《いんのしま》に、小林は生まれた。高校3年のとき、祖母が認知症になってしまった。そのたいへんさを見て、医者を志した。島根大学医学部へ。

はじめは、神経内科、脳の分野に進もうと思っていた。

でも、もともと、下ネタが好き。自分のものをいたわっていた。

なのに、20歳のころ、人間関係のトラブルから極度のストレスに襲われ、EDになった。

やはり、おちんちんは大切だと思った。

いまでこそ、徐々にではあるが、男の性のトラブルは表に出てきている。けれど、当時は、軽視されていた。ブラックボックスに封印されていた。

〈ボクは、そういう世の中を変える後押しをしたい〉

泌尿器科に進んだ。けれど、花形は、膀胱がんや前立腺がんなどの、がん手術。性機能のことは、ほとんど学べなかった。自分のしたいことと違和感を抱く。独協医学大学に移って男性不妊、精子のことを学んだ。けれど、結局、不妊治療には携われなかった。違和感がぬぐえない。

男の美容に活路を見いだそうとした、けれど、それもうまくいかない。メンズヘルスをしたい、したい。そうしたいと思いつつ、しばらくフリーター暮らし。

京都ルネス病院に、友人がいた。彼から、連絡があった。

「泌尿器医を探しているけど、やる？」

メンズヘルスをさせてくれるなら、と言うと、病院側は、してください、と。ただし、泌尿器全般、そして人工透析もしてください、とも言われた。

2017年、いまの病院に赴任した。

「楽しく、好きにやらせてもらっています」

性を表通りに。それは壮大な目標だ。そう小林は思う。TENGA、そして、鹿児島の福元らと連携して、少しでも目標達成に近づきたい、と言う。

「性って、哲学的でもありますし、人類の根幹でもあると思います。エロとかセックスとか、大人でも分からないことがあるし、子どもたちにどう教えたらいいのか分からないこともあります」

だが、いままで世の中は、それらを全部、ブラックボックスに入れて、ムリにふたをしていた。エロをすべてオープンにすることは良いのか悪いのか。それは難しい問題だ。サブカルチャー、文化にもかかわってくるから。

でも、すべてを封印してしまったことで、性教育の内容が、乏しくなってしまっている。

TENGAが、オナニーをブラックボックスから外に出した。

「オナニーは、自分の性の発散であり、いつか来るパートナーとのセックスの練習です。もちろん、オナニーをするもしないも自由です。ただし、しっかりした知識を身につけたうえで選択してもらいたい。私は、その手助けをしていきます」

小林さん、ありがとうございました。これから特急に乗って帰ります……。

「ひとつだけ、世の中の男性に聞いてもらいたいことがあります」

何でしょう？

「仮性包茎に悩んでいる方がいるかと思います。でも、大切なところを皮で守るというのは、生物の構造上、当たり前のことです。銭湯とか温泉で、むけている男を見て、劣等感を抱くかもしれません。気にすることはありません。だって、8割は、お風呂場で、自分でむいていますよ。手術をするもしないも、自由です。ただし、正しい知識を身につけてからにしてください」

◇

そして、3人目のお医者さんにお目にかかるため、神奈川県の厚木市へ。厚木市立病院の泌尿器科、そこで毎週火曜日に、「おちんちん外来」をしている岩室紳也さん。個人事務所「ヘルスプロモーション推進センター」の代表です。

岩室さんのTENGAの使い方、それは治療で使うというより、講演で使っています。全国の高校などを、年間100カ所ほど回り、子どもたちに語っています。

「おじさんは、マスターベーションをしているよ」

そう言うと、子どもたちは、真剣に話を聞いてくれます。人は、知識ではなく、体験談に学ぶのです。岩室さんはつづけます。

「床オナをしていると、強い刺激でしか射精できなくなる。そうなると、TENGAを使って治すことになる。でも、TENGAでもなかなか射精できないんだ。たいへんだよ」

床オナとは、床にこすりつけてするオナニーのこと、です。

高校生に、「膣内射精障害」と言っても、ピンと来ません。そもそも、女性の中に入れたことがない子がほとんどです。でも、TENGAの存在は知っている子は、けっこういます。

あれで射精しようと思ってもできなくなってしまうのか。

そう考えて、子どもたちが自分のオナニーの仕方を考えるようになれば、うれしい。岩室さんはそう考えています。

◇

岩室は、1955年、京都出身。自治医科大学を卒業、診療所や保健所などで仕事をした。その後、泌尿器科の道に進む。手術から内科的な治療まで、すべてをできるから。やはりそれは魅力だ。

1990年代、エイズが大問題になっていた。エイズ対策は、セックスをしないか、コンドームしかない。コンドームのつけ方を説明するため、自分で模型をつくった。いつもは、皮をかぶっていて、付けるときに皮をむく。そんな模型で説明すると、ある人は、岩室をこう呼んだ。

「コンドームの達人」

それが、岩室の異名となった。

泌尿器科医として働くうちに、まじめに性を考えたい、と思うようになった。2010年ごろ、大まじめな道具であるTENGAを知って、講演などで使うようになった。

「自分の体ときちんと向き合うときに使う道具として、TENGAには成長してほしいですね」

岩室さん。いまの若い子は、奔放で、セックスもしていると思っていましたが……。

「二極化しています。セックスに走っている子と、セックスの情報を完全ブロックしてしまっている子とに分かれています」

セックスに走っている子たち。彼らは友だち同士では性の話はしない。アダルトビデオを見て、こうやればいいんだと思う。ビデオでは、コンドームをつけていない演出がほとんどなので、そのまましてしまう。病気をもらったり、妊娠させてしまったり。女性をレイプしてしまうなどの犯罪にも手を染めてしまう。

セックスの情報を完全ブロックしてしまっている子たち。彼らは、親がイヤがることは避けようと思う。さらに、ふられるのがイヤなので、女性にアプローチしない。だから、性の情報から隔離されてしまうのだ。

「昔は、性のことを話すと、寝た子を起こすな、と言われました。いまこそ、寝た子を起こそう、健やかに、なんです。セックスに走る子も、セックスをブロックしている子も、性の正しい情報を知らない。寝たままなんです」

岩室さんは、たとえば、こんな話をするのだそうです。

「おじさんも、若いときは失恋した。そして、そのことを友だちと話したもんだよ」

な〜んだ、失恋していいんだ。子どもたちにそう思ってもらうためだそうです。

なるほど。岩室さん、学校の現場は、変わりましたか？

「いまだに性教育なんていらないと言い切る大人もいますから、変わったという印象は、ないですね」

私立の学校の中には、何年もつづけて岩室さんに講演を頼んでいるところがあると言います。ですが、公立では、そうならないのだとか。人事異動があるからです。

コンドームの話、私は嫌い。だから、もうコンドームの達人は呼ばない。

「そういう大人たちは、子どもたちを見ていないんです。そして、たとえば妊娠してしまった子を、『あんなに命を大切にしなさいと言ってきたのに』と非難し、切り捨てていきます」

そういう無責任な大人は、永遠に後を絶たない。岩室さんは、そう見ています。

ただ、最近、ある傾向があると言います。

「名門進学校から依頼が来るようになりました。理由は、何でしょうか？」

これは、分かります。卒業生たちが性犯罪に手を染めているからですね。

「正解です。先生たちが、教育が必要だと気づいてきたのです。呼ばれた私は、教育するというより、たとえば、こんな話をします」

アダルトビデオは5人以上で見よう。ひとりで見ていると、善悪が分からない。みんなで見て、あの性描写はありえない、間違っている、と語り合おう。

◇

岩室さんが力を入れている性教育。これも、TENGAヘルスケアの重要な仕事です。

「性を表通りに、誰もが安心して、安全に楽しめるものに変える」

そのためには、子どものころから性について学び、考えることが大切なのです。

けれど、日本の学校現場での性教育は……。

性交、セックス、マスターベーションといったことは、ほぼ教えられていません。

受精ってこうなるんだよ、という顕微鏡の映像は見るとして……、
でも、それで、ぼくたち、私たちは、どうすればいいの？

その答えがありません。

TENGAヘルスケアの人たちは言います。

「アダルトビデオが『教科書』になってしまい、間違ったマスターベーションやセックスを『ふつう』だと勘違いしてしまうのです」

性教育は、ブームと停滞を繰り返してきました。

敗戦直後、GHQの指導などで、性教育ブームが来ます。中学の保健体育で、性に関することをまとめた単元が登場したのです。でも、まもなく停滞してしまいました。

70年代前半、ブーム再来です。女性運動の高まりなどを背景に、高校の教科書に、「避妊」が登場したのです。

80年代の後半になると、エイズによる感染が広がってしまったことから、性教育の大切さが叫ばれました。ペニスやワギナなどの用語が、教科書に載るようになりました。

92年、小学生に保健の教科書が誕生、「性教育元年」と呼ばれます。

ところが、2000年代に入り、性教育へのバッシングが始まります。ペニスやワギナなどの言葉は、教科書から削除。性交という言葉は、性的接触に変わり、やがて、その4文字も教育現場から消えてしまいました。

イギリスやドイツなどでは、性交について詳しく教えられています。

TENGAヘルスケアは、学校での性教育教材をつくろうとがんばっています。

けれど、いまの日本の政治状況を考えると、性教育がブームになるとは思えません。その分野に入っていくのは至難の業です。

でも、黙っているTENGAではありません。まずは、できることから始めよう。

「オトナの性的義務教育」

そんなタイトルでの授業を、2018年に配信し始めました。

たとえば、東京大学大学院、人文社会系研究科院教授の赤川学さんの、「日本におけるマスターベーションに対する考え方、その移り変わり」の講義です。

その講義や、赤川さんがTENGAの担当者に語ったことなどをもとに、その変遷をたどり、この章を締めくくります。

◇

マスターベーションについて、鎌倉時代の『宇治拾遺物語』に、こんなことが書かれていた。

「かはつるみは候べき」

「かはつるみ」。これが、マスターベーションのことだ。女性と交わらないと誓いを立てた僧が、「マスターベーションもだめですか？」と言った。すると、まわりは大爆笑した、と書かれているそうだ。

昔の日本は、おおらかだったのだろう。

さて、西洋ではどうだったのか。旧約聖書の中に、「オナンの罪」という記述が出てくる。

兄の妻をめとり、子をなすことを命じられたオナンが、それを拒んで精液を地に漏らし、そのために神の怒りを買い、罰せられた。

読者のみなさん、お察しの通りである。これが、オナニーの語源だ。

キリスト教は、「産めよ増やせよ」を規範とする。なので、マスターベーションが忌避されてきたのだ。

この考えが進化していく。その結果、18世紀、自慰のもたらす恐るべき結果として、こんなマスターベーション害悪論が確立されてしまう。

マスターベーションは、成長の停止や癇癪《かんしゃく》など、身体に悪い。

おおらかだった日本の性に対する考え方に、変化が起こる。

きっかけは……、ご推察の通り。明治維新だった。

文明開化はよかったとしても、西洋の考え方も入ってきたのである。

1875年、元浜松藩医の千葉繁がアメリカの本を翻訳した『造化機論』が発表された。造化機とは、生殖器のこと。

本の中で、手淫には害がある、と強調された。

人間の身体には電気が流れている。男女の性行為では良い電気が発生するけれど、マスターベーションでは悪い摩擦電気しか発生しない。

いまから思えば、まったくのデタラメ。けれど、当時の最新科学だとして、日本中が信じてしまったのである。

さらに、教育勅語をよりどころする学校の科目「修身」で、マスターベーションはいけないこと、と教えられた。

だが、1920年代、マスターベーション有害論、それを否定する議論がなされる。大正デモクラシーによって、個人の自由や自我の拡大が叫ばれた時代だ。

その揺り戻しが来て、「一家庭に平均五児を」と進軍ラッパが吹かれ、戦争へ。

そして、1945年、敗戦。

GHQによって公娼制度が廃止されると、マスターベーションは必要だ、という考え方が広がっていくのである。

◇

本書の第一章にご登場いただいたTENGA広報の西野芙美さんは、言います。

「オナニーをどうとらえるかは、そのときの社会的背景によって変化するのです。『オナニーは恥ずかしい、不健康だ』と言われる方もいらっしゃいますが、その考え方は普遍的ではないのです。TENGAが配信する『オトナの性的義務教育』を見ていただくことで、性について偏見なく考えていただければと思っています」

ちなみに、西野さんも、先生役として登場しま～す。

コラム④　「敵」と呼ばれる男

TENGAの社員は、アイデアにあふれています。

これも、あれもやりたい。利用者のために、こういうことをしてあげたい。

これをすれば、世の中の性に対する見方が変わるんじゃないか。

Aもしたい、Bもしたい、Cも、Dも。いま、ぜーんぶしたい。

でも、全部やる予算、ありませーん。

なので、まず、Aをしてみよう。うまくいったらBもやろう。あまりうまくいかなかったらC、全然ダメだったらDをしようか。

そういった交通整理をする役割が必要になります。そんな役割をすると、こんなことを言われることがあります。

「なぜ止めるんだ」「あなたは、私たちの敵ですか」

もちろん、敵ではありません。その役割をしている人は、言います。

「監査法人にいたころ見ていた会社を思い出すと、ＴＥＮＧＡはなんて幸せな会社なんだろうと思います。次の攻め手が見つからなくて困っている会社が多かったですから」

「世の中を変えていきたいという熱意にあふれた人ばかりなので、自分が裏方で支えます」

その人の名前は、手塚俊一さん。

１９８２年、横浜生まれの東京育ち。早稲田大学の商学部に入学しました。専攻は会計学。文系だけれど数字に強いという自負がありました。

就活シーズンを迎えます。部屋に、企業からのダイレクトメールが山ほどきました。就職説明会などにも行きました。圧倒されました。無数にある情報の中でどれを選んだらいいのか分かりません。

自分のやりがいは、どこにあるの？　分かりません。

会計の技術を磨けたらいいやと、大学院に進みました。

そして、在学中から、準大手の監査法人で働き始めました。

担当は、東証2部に上場している会社や、上場していない会社などでした。

受け持つ会社に行き、ミスを見つけたり粉飾を見つけたりしました。

決算書は、会社の成績表です。でも、その数字の裏に、人間の感情、思いがあるのです。それを感じることが、楽しくて仕方ありませんでした。

さまざまな会社に行きました。素敵に思えたのは、メーカーでした。

たとえば、ある部品メーカーの現場に行きます。技術部門の人が、手塚さんに言います。

「先生、見てください」

手塚さんの方が年下ですが、先生、先生って言われます。恐縮しつつ、見せてもらいます。

「先生、これ、世界でうちしかつくれないんです」

そう言って見せてくれた部品について、延々としゃべってくれる。その熱さ、情熱に手塚さんは圧倒されます。監査法人に戻ると、先輩から「帰ってくるの、遅い」と怒られます。

はいはい、ごめんなさい。

どの業界の人も、かっこよかった。でも、メーカーの人たちはひと味もふた味も違うと思ったのです。

ところが……。

そんなメーカーの決算書を見ると、赤字がつづいているケースが多いのです。

それは下請けだからでした。

大手メーカーの厳しいコストダウン要求にさらされる。親会社の計画が変更されると、その会社の売り上げにもろに響く。

数字を見ると、悔しさ、涙が見えてきました。

でも、その思いを、どうすることもできません。会計監査人は、審判員みたいなものですから。

世の中をわくわくさせるのは審判員ではない、プレーヤーです。

手塚さんは思いました。

〈どこかのタイミングでプレーヤーになりたい〉

〈たしかなアイデアがあって、技術力があって、世の中にPRする力があるメーカーがあるとしたら、そういうところで自分は力を尽くすべきじゃないか〉

興味がわきそうな会社があったら受けてみようかな、と思っていました。

ある日のことでした。

地方の工場に出張することになり、手塚さんは先輩に報告しました。

「先輩、来週から1週間、出張です」

「手塚くん、あそこには何もないから、TENGAでも持って行ったら」

「何ですか、TENGAって？」

「おまえ、TENGA知らないの？」

手塚さんは調べてみました。

アダルトグッズは、自分の人生に関係ないと思っていました。

会計監査人です。TENGAが、ほかのアダルトグッズとどう違うかを、自分なりに整理してみました。

〈突出したセンスがある。まぐれあたりではない。ぜひ一度話を聞いてみたい〉

そう思うも、何のつてもありません。

ホームページを見ていきました。経営管理スタッフ募集、とありました。

〈よし、面接に行って経営者の話を聞いてみよう〉

そうしたら、内定が出てしまいました。でも、転職の決意を固めてはいなかったのです。

監査法人で信頼している先輩たちに、内定をもらったと話しました。みんな驚いています。

「手塚くん、何か不満あるの？」

「いいえ、何もないんですが……」

先輩たちに、内定をもらった会社はどこか、と聞かれます。TENGAだと答えると……。

「気でもふれたのか?」

この話をしたほぼ全員に、強力に止められました。

思い直せ。もっと違う道があるぞ。まっとうな人が歩む道じゃないぞ。

手塚さんは、TENGAに魅力を感じています。ところが、周囲は、やめとけと言う。

〈この温度差、逆にチャンスじゃないか〉

手塚さんは、学生時代からのことを振り返りました。

〈学生時代、職場、家族、すべてに恵まれていた。自分の周囲には、きちんとした人が多かった。どんな話題でも、論理的に話せているような人ばかりだった〉

〈なのに、この領域に入ると、急に感情的になる。わけの分からない鍵みたいなのがかかって、論理的な思考ができなくなる。感情的になって、それはダメだ、まともな人がやっているわけがない、ひどい目にあうからやめておけ、と〉

〈何を根拠に言っているんだ。自分が行って、極めてまともな人たちががんばっていることを証明してやる。会社を伸ばす手助けをするんだ〉

〈ぼくは、経営や会計を勉強してきた。事業を、組織を大きくしていく力になれるんじゃないか〉

入社を決意しました。

2011年3月7日、入社。東日本大震災が起こる4日前のことです。

◇

予算をつくり、決算を分析し、修正をしたり。財務的なこともしているし、人事採用も。

手塚さんは、八面六臂の仕事ぶりです。

「TENGAは、ベンチャーです。けれど、ものづくり屋です。そこを考慮に入れて経営しなくてはなりません」

IT企業の場合だと、新しいサービスやアプリが大ヒットすれば、インターネットを通じて一気に拡大、一気に投資を回収できます。けれど、ものづくりの場合、売り上げを2倍にするには、2倍つくらなければなりません。

「つまり、急成長するという未来予想図を描けば描くほど、つくらなくてはならなくなります。投資がかさんでしまうんです」

人事採用。応募してくる人材は、自分の考え方を持っています。

性への興味がある人。TENGAやirohaで、世の中をこう変えたいと意欲満々な人。

性をタブー視する社会に、自分は違和感を抱いてきたと力説する人。

などなど。

内定を出しても、家族から承諾を得なくてはいけないことがあります。みんな、懸命に説得して、いまにいたります。

手塚さんが入社したときは、社員20人ぐらいでした。いまは１００人を超えています。覚悟を決め、あふれるばかりのアイデアを持つ。そして、まじめな正直者たちの集まりです。

第六章

すべての人たちへ

ある日のことでした。

熊篠《くましの》慶彦さんは、とある首都圏の路線バスに乗ろうとしました。熊篠さんの姿を見た運転手さんが、言ってきました。

「これ、外してください」

「ボク、手が届かないので外せません」

そう熊篠さんが言うと、運転手が外し、熊篠さんのカバンの中に入れました。路線バスなので、そこで議論してしまったら、ほかの乗客に迷惑がかかってしまいます。熊篠さんは、あとで、バスの営業所に、こんな電話をしました。

「あれは危険物ではありません。ダイナマイトでもないし、ヌード写真が露骨に貼ってあるわけでもありません。それなのに、なぜ外してカバンの中に入れなくてはいけないんですか？」

営業所の人は言いました。「とくに問題はないです」

熊篠さんは、思いました。

〈運転手さんの個人的な考えなのだろう。先回りしたということなのだろう。ということ

は……、運転手さんも、これをよく知っているということなんだな〉

熊篠さんは、そう思うことにしました。

熊篠さんは、生まれたときからの脳性麻痺で、手足が自由ではなく、車イス生活をしています。そして、車イスに乗ったときに首が来る部分に、ライトをぶら下げています。

そのライトを、運転手さんが車イスから取って、カバンの中に入れたのでした。

そのライト、じつは、ＴＥＮＧＡが出している商品です。形は、男性用のグッズそのもの、中にＬＥＤが入っていて光る、という商品です。

部屋のインテリアとして置いたらいかがでしょう。

ベッドの横に置いたらいかがでしょう。

暗いライブ会場でも使えますよ。

そんなセールス文句の商品です。

けれど、熊篠さんは、あらためて思いました。

〈なぜ、これがダメだと思う人がいるんだろう〉

熊篠さんの車イスには、いつも、そのＴＥＮＧＡのＬＥＤライトがぶら下がっています。

昼夜関係なく、ライトは付けっぱなしです。

熊篠さんは、訴えたいのです。

身体障がい者は、聖人君子なんかじゃない。性欲がある。マスターベーションもしたいし、恋愛もしたいし、セックスだってしたいんだ。

世の中への、そんな問題提起なのです。

熊篠さんは、NPO法人「ノアール」の理事長です。このNPOは、身体に障がいがある方々の性を支援しています。少し長くなりますが、設立趣意を、ホームページにある原文のまま載せます。

「真に人間らしい実り豊かな人生を送りたいという願いは障害のある人もない人も誰もが持ち続ける究極の願いです。真に人間らしい実り豊かな人生を送るには、教育を受けたり・職を得たりすることも最低限の土台として必要ではありますが、人を愛し、愛されるという心のやすらぎ・充足が不可欠です。しかし、障害のある人は、そのコミュニケーションの手段としての〝性〟という大きな壁につきあたってしまいます。障害のない人には当然に社会生活の一つのコミュニケーションの手段としてごく自然に浸透している『性』

は、日本では、障害のある人にとっては今まで議論も避けられてきた問題なのです。この問題がタブー視されているかぎり、障害者にとって真のノーマライゼーションの実現は有り得ません」

「我々は、この性に関する問題を中心に、障害者に様々な情報を提供したり、障害者自らが自己選択・自己決定に基づき自由なライフスタイルを選択することができるように支援する環境や斬新な仕組みを作り、また社会一般の人達の理解・協力を得るための情報発信事業を行うことにより、障害者が真に公平な社会参加を実現し、生きる勇気や希望に満ちた人権生活を確立することを目的とし、本法人を設立致します。そして我々が安定・充実した活動を行うためには、特定非営利活動促進法に基づく法人格を取得することが不可欠であります」

ノアールは、そんな思いで2004年に設立されたNPO法人です。

さて、熊篠さんとTENGAの話に戻ります。熊篠さんがTENGAの存在を知ったのは、フリーペーパーに載っていた記事を読んだからでした。

熊篠さんは講演などに呼ばれます。そこで、TENGAの人たちと知り合いになりまし

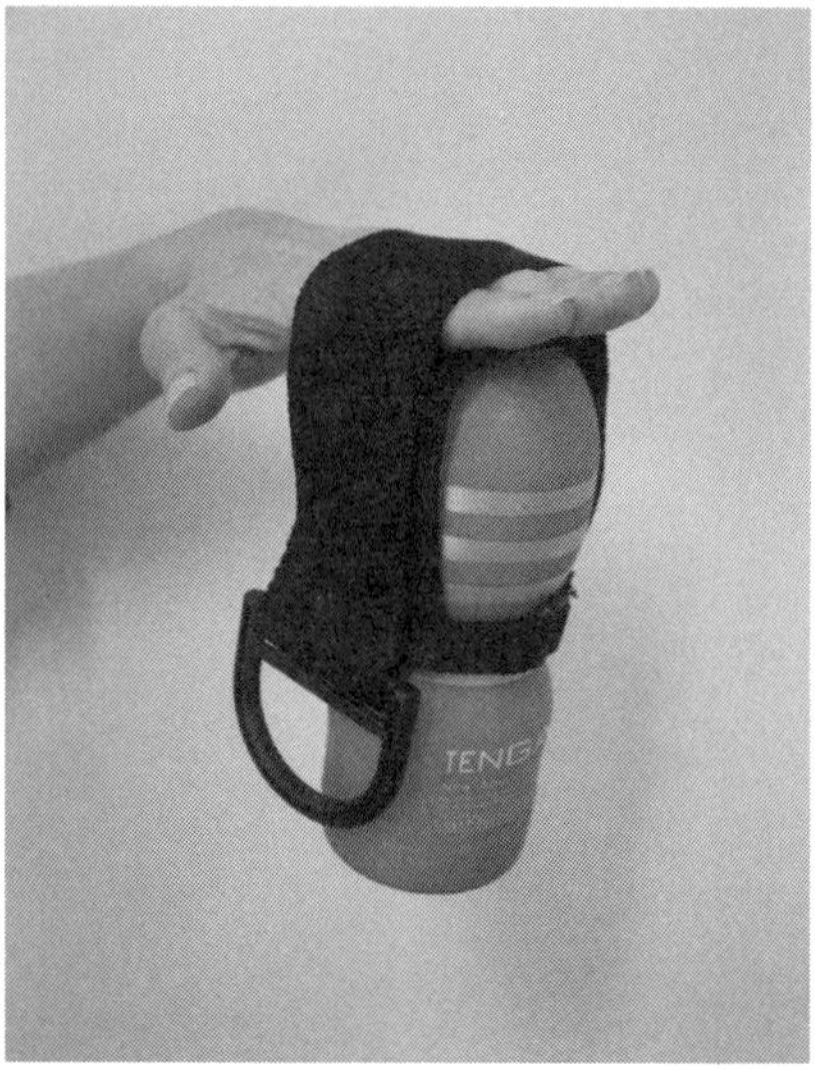

た。そして、作業療法士さんの協力もえて、「カフ」と呼ばれる道具を開発しました。

手に障がいがある人は、ＴＥＮＧＡのマスターベーショングッズは使えない。つかめないから。だったら、ベルトでグッズと手を固定させてしまおう。

そのベルトが、カフです。

そして、熊篠さんはＴＥＮＧＡのライトを車イスにぶら下げるようになったのです。

「障がい者の性について考えてください、みなさん」。その思いは、ＴＥＮＧＡも持っていました。これこそがＴＥＮＧＡの目標ですから。

「性を表通りに、誰もが楽しめるものに変えていく」

熊篠さんの車イスは、ＴＥＮＧＡの思いも乗せた「公式街宣車」です。ただし、大音量でアジることはありません。それはそれは、静かな街宣車です。

熊篠さんと性についてを、少したどりましょう。

◇

1969年、神奈川県の病院。熊篠は仮死状態で生まれた。脳性麻痺による「四肢痙《けい》性麻痺」という障がいが残った。手足が徐々に曲がって動きづらくなり、刺激があるとけいれんが起きる障害だ。

特別支援学校に通っていたが、母親がかけあってくれて、小学4年生から、ふつうの学校に通えるようになった。

土曜日の夜、こっそりテレビで洋画を見た。濡れ場が目当てだった。手の障がいも当時はあまり重くなかったので、自然にマスターベーションを覚えた。

中学2年のとき、股関節の手術をすることになった。

手術の前に、看護師さんに剃毛された。反応している自分を感じた。頭の中で、歴代の総理大臣の名前を言って、何とか勃起を抑えようとするのだけれど……、ダメだった。

〈恥ずかしがってなんか、いられない〉

手術が終わり、入院生活がつづく。はじめの1～2週間は、痛みが強くて、勃起しなかった。けれど、しっかり食事をとって動かないでいる中学2年生である。当然、朝立ちもするし、何かにつけて反応してしまう。その姿を、3カ月ほど看護師さんたちに見られた。

熊篠は振り返る。

「恥ずかしいと思ったら、もうそこにはいられなくなる。だから、感覚がマヒしてしまったんですかね」

のちに、熊篠はマスターベーションの仕方を実演する動画をつくった。アダルトビデオにも出る。2017年には、熊篠をモデルにした映画『パーフェクト・レボリューション』が公開され、ヒットした。主人公を演じたのは、熊篠の友人でもあるリリー・フランキーだった。TENGAも映画に出資した。

「恥ずかしくなんかありません。私を使ってもらって、障がい者の性について広げてもらえればいいんです」

そもそも恥ずかしいって、何でしょう?

熊篠が問いかける。

「たとえば、ちんこがついていること、それは恥ずかしいことではありませんよね。人類の半分にはついているんですから」

「セックスしたり、マスターベーションをしたり。それ自体は、恥ずかしいことではないと思うんです。じゃあ、なぜ、みんな恥ずかしがっているんでしょうか？」

熊篠の考えは、こうである。

人前でするかしないか、ということではないか。人前でセックスやマスターベーションをするのは恥ずかしい、人前でその話をするのは恥ずかしい、ということではないか。

つまり、社会性という枠組みがあるから恥ずかしいのだ。マスターベーションをすること自体は、まったく恥ずかしくないことなのだ。

「この世の中、そのあたりがごちゃごちゃになってしまっている。だから、セックスやマスターベーションの話を敬遠しているのではないでしょうか」

ＴＥＮＧＡがさまざまなグッズを開発していることで、障がい者は助かっている。そう熊篠は言う。

障がいがない人は、エロ本を隠しておける。昔のような女性の裸が描かれているグッズを使っても、どこかに捨てておけばいい。

「けれど、障がい者は、後片付けのことまで心配しなくてはいけないんです。来てくださるヘルパーさんのことを考えなくてはならないんです」

エロ本が置いてあったら、ヘルパーさんはどう思うだろうか。裸のグッズがゴミ箱に捨ててあったらどう思うだろうか。

けれど、TENGAのグッズは、使い終わっても何げなく捨てておける。ヘルパーさんは、これが何の道具か知っているかもしれない。でも、お互いに、どんなにか気楽になれるだろうか。

愛、自由、誰もが楽しめる平等。TENGAの心やさしい革命は、障がい者の心の負担も和らげている。

「でも、すべての障がい者に、TENGAやirohaを薦めるわけにはいかない。難問があるんです」

たとえば、脊髄の損傷などで、首から下の感覚がない男性がいる。そのような方は、勃起しなかったり射精しなかったりする。でも、頭はクリアなので、性欲はある。中には、勃起も射精もできる方はいるが、快感が得られない。

そうなると、生殺しである。みんなが、「ＴＥＮＧＡは気持ちいい」と言っているのに、自分は楽しめない。やっと射精したとしても、快感が伴わないどころか、血圧や心拍数が上がりすぎてしまう。自律神経がやられているので、元に戻るのに一時間ぐらいかかる。何もできなくなる。

「だから、一概に、ＴＥＮＧＡを使おうとは言えないんです」

女性の場合も同じである。首から下の感覚がない女性は、ｉｒｏｈａを使っても感じないのだ。視覚的な興奮はあるのだが。

「障がい者の性を語り尽くそうと思ったら、ハンセン病患者への強制不妊の話などにまで広がります。難しいですね」

熊篠は、きょうも、街宣車で移動する。あの、ＴＥＮＧＡのライトをぶら下げた車イスで、である。

駅で電車を待つ。後ろの方から、ひそひそ声が聞こえてくる。

電車が駅に入ってきた。ドアがあく。熊篠、車内へ。そして、ドアに向かう。

男も女も、何かしら話している。聞こえなくても、ドアの窓ガラスに話している姿が映っている。熊篠は、思う。

〈みなさん、ＴＥＮＧＡを知っているんですね。ありがとうございます〉

電車は駅に着く。熊篠の後ろ側のドアがあく。乗り込んでくる人たち。そして、熊篠の後ろに来た人の視線が、車イスに来て……、そして、ぎょっとする。

熊篠は、心の中で、願う。

〈ありがとうございます。そうです、障がい者にも性欲はあるんです。ぜひ、障がい者と性について調べ、考えてください〉

熊篠は、きょうも行く。誰も傷つけない、愛と自由と平等の街宣車に乗って。

◇

障がいがある方が、ＴＥＮＧＡのグッズを買いたいと考えたとします。でも、不安です。

このグッズを買っても、自分に合うのだろうか。

バラエティーショップやドラッグストアに行ってみたところで、福祉のことも分かっている相談員さんは、おそらくいません。

そんな不安を吹き飛ばしてくれる場所があれば、どんなにいいでしょうか。

ありました！　東京の江戸川区にあるNPO「自立支援センターむく」です。職員は100人ほど、利用者は800人ほどいます。

障がい者手帳を持っている人には、TENGAグッズを3割引きで売る。店頭でも、ネット通販でも。スタッフが説明するし、メールでの相談も受けつける。そんな福祉施設です。はじめは、障害者手帳の提示をお願いしていたのですが、それはやめました。個人情報にからんでしまうことに気づいたからです。

「買っていただく方を信用しています。性善説をとっています」

そう語った、施設長の木村利信さん。

施設の中に、PC工房という部署があります。全国からパソコンなど使用済みの電子機器を回収し、データを消去し、中古として販売する。その技術は、アメリカ国防総省並み、米マイクロソフトからのお墨付き。ゲームで使われるアニメーションやCD、そして雑貨もつくる……。

障がい者の就職支援、生活支援をしているだけではないのです。

施設長の木村さんのたどってきた道を、少々。

◇

1963年、江戸川区に生まれた。

高校生のとき、歴史の研究家になることを夢見た。教師に言うと、「食えないぞ、現実を考えろ」と言われ、あっさり断念。じゃあ、どうする。3年のとき、初めて、マイクロコンピューター、略してマイコンの店に行った。マイコンはのちにパソコンと呼ばれるようになる。

マイコンに触って、すごいと思った。大学でコンピューターを学ぼうと、一浪して私大の情報学部に入った。

〈ボクはエンジニアになる〉

あるとき、高校時代の友人から、ボランティアをしないか、と電話で誘われた。車イスの人たちにパソコンを教えるボランティアだ、と。

木村は、断った。ボランティアに興味ないね。

その友人は、車の事故で足にケガをし、障害者手帳を持っていた。それがきっかけでボランティアをしていた。彼は、木村に言った。

「木村は障害者手帳を持っていないから、そういう冷たい考え方ができるんだ。おれのように手帳を持っている人の気持ちが、分からないんだね」

落ち着け、落ち着け。自分にそう言い聞かせて、木村は、受話器の向こうに言った。

「じつは、ボクは、先天性右肺動脈欠損なんだ。右の肺が動かないんだ。ボクは手帳を持っている。君よりずっと重い障害でね」

「なぜ言ってくれなかったんだ？」

「だって、聞かれなかったから」

友人は言った。

「だったらなおさら、ボランティアをしてほしい」

「分かったよ。でも、1回だけだよ」

福祉関係の団体に、初めて行った。

車イスに座っている人たちを見た。みなさん、パソコンに興味津々。パソコンでキーボードをたたくことは、身体のリハビリにもなるという。

〈そうだったのか。知らなかった〉

土日にパソコンの先生をすることになった。そして、福祉にはまり、障がい者の就労支援をする施設の運営に携わっていった。

木村は、内職だけの就労支援の現場を何とかしたいと思った。

ビー玉の袋詰め、スーパーなどから送られてくるハンガー磨き……。

みんな、テーブルに座って黙々と作業をしている。その勤勉さは、すごいと思った。けれど……

〈これで、どれだけの稼ぎになるんだ?〉

内職からの脱却を、まわりに訴えた。それは理想論だね、と却下、却下、却下。

何とかしたい。福祉をきちんと勉強しようと、大学で学ぶ。

そして、2010年、「PC工房」をつくったのである。

◇

さて、木村さんとTENGAとのかかわりは、2016年、TENGAヘルスケアの設立に始まります。

ですが、その5年ほど前、ある電話相談を受けていました。その内容は……。

「脳梗塞で倒れ、車イス生活をしている男性がいます。女性ヘルパーさんに頼っています。でも、ヘルパーさんが行くと、ときどき、見知らぬ女性が来ている。どちら様ですかと聞くと、デリバリーヘルスだと言うのです。そして、ヘルパーさんは追い返されること、たびたびです」

「PC工房さんのところは、すごいテクノロジーを持っているのですよね。手を使わずにアダルト映像を見れて、自分でできれば、デリバリーヘルスを呼ぶ必要がなくなります。

そんなシステムをつくっていただけませんか？」

木村さんは、人間の網膜の動きをとらえるセンサーで、手を使わずに見ることができる映像システムをつくりました。ここまでなら、木村さんたちはできます。

問題は、グッズです。こればっかりは、どうしようもありません。

そんなとき、ＴＥＮＧＡグループがＴＥＮＧＡヘルスケアとして医療福祉分野に参入した、と知ります。木村さんは、パソコンなどシステム一式を持って、ＴＥＮＧＡの社長である松本さんたちに見てもらいました。そして、協力を仰いで、手に障害があってもグッズでマスターベーションできるような器具などをつくってもらってきたのです。

「福祉施設の世界では、障がい者の性について考えることにほとんどが否定的です。障がい者の性を、権利を、国が奪ってきたという歴史があるからです。でも、少しずつ変わってきています。ＴＥＮＧＡと手を取り合って、障がい者の性の解放を実現していきます」

そう語る木村さん。なぜ、そうしようと思うのでしょうか。

単純に、知的好奇心
そう言います。

なぜ、みんなつくらないんだろう。じゃあ、自分でつくるしかないな。

「エジソンは言いましたよね。99％の努力があれば、才能は1％でいいんだ、と」

そして……

2019年10月、木村さんは、むくを去り、TENGAの社員になりました。TENGAと障がい者のかけ橋になる商品、サービスを、TENGAの社員として開発する。大きな役割です。

「私は、新しい福祉を提案していきます」

◇

「性を表通りに、誰もが楽しめるものに変えていく」

この大きな目標に向かっているTENGAの社員さんを、ここまで描いてきました。

TENGAと巡り合い、共感し、ともに活動している方々を、描いてきました。デパートの社員さん、お医者さん、障がい者、福祉施設の方、です。

誰も傷つけない、社会を変える革命。その闘士でした。

最後にご登場いただくのも、闘士のひとりです。

みなさんは、この言葉をご存じのことだと思います。

ＬＧＢＴ
レズビアン（女性同性愛者）、ゲイ（男性同性愛者）、バイセクシュアル（両性愛者）、トランスジェンダー（性別越境者）の頭文字を取った単語ですね。

セクシュアル・マイノリティ（性的少数者）の総称のひとつですね。

ＬＧＢＴのみなさんは、社会から白い目で見られてきました。差別されてきました。社会の裏通りにいた人たちでした。

黙っていては何も変わりません。なので、声をあげました。パレードをしてきました。映画、テレビドラマなどで取り上げられました。メディアでも、さまざまな特集が組まれてきました。

同性カップルでも申請すれば、結婚相当の関係だと認定する。そんな自治体の動きも出てきました。有名人がＬＧＢＴであることをカミングアウトする、そんなことも増えてきました。

けれど、政治家からは、心ない言葉も飛び出します。「LGBTカップルには生産性がない」などなど。

2019年には、13組の同性カップルが、同性どうしで書いた婚姻届が自治体で不受理になったことを不服として、全国各地で損害賠償を求める裁判を起こしました。

社会の裏通りに閉じ込められてきたLGBTの人たちが表通りで生きる、そんな世の中にしようとがんばってきたのです。

「おたがいに『表通りに』を目指してきた。だから、TENGAさんとは親和性が高いと考えています」

山縣真矢さんは、そう語ります。LGBTひとりひとりがプライドを持って生きる、そんな世の中を目指して2015年に設立されたNPO法人「東京レインボープライド」の一員です。

毎年、東京の代々木公園でプライドパレードなどのイベントをしています。TENGAは早くから協賛し、射的ゲームなどをするブースが、大人気です。

1967年に、山縣さんは、岡山県に生まれました。大学を卒業後、編集プロダクション、音楽雑誌の出版社を経て、フリーのライターに。

山縣さんはゲイ。仲間をつくってきました。性的少数者が不当な扱いをされ、それでも地位向上に向けて前を向いてきた人たちの歴史を見てきました。エイズにからむボランティアもしてきました。

日本で初めてパレードが行われたのは1994年でした。中断していた時期もありました。山縣さんが運営に参加したのは2002年ごろからです。

そのころのパレードの予算規模は、500万~600万円ほど。ゲイのコミュニティ関係者が出してくれたり、飲食店が広告を出してくれたりして、かき集めました。

2010年代になり、まず外資系企業が協賛してくれるようになります。LGBTという言葉が広がり、日本の企業も次々に協賛してくれるようになります。華やかなパレードになっています。

TENGAが早くから協賛し、射的ゲームができるブースを出している。これは、先に書いた通りです。

山縣さんは、語ります。

「TENGAさんも、たぶん、最初は奇異な目で見られてきたと思います。でも、性は、その人の人格にとって大事なもの、コアなものだという思いが広がり、認められてきたのだと思います」

「我々の大きな目的は、LGBTの存在の可視化でした。私たちはここにいるんだ、会社で働いているし、あなたのすぐ近く、となりで暮らしているんですよ、と言ってきました。少しずつ認められてきて。だいぶ空気も変わってきました」

だから、TENGAといっしょに、さらに世の中に風穴をあけたい、と言います。

たとえば、学習指導要領。小中学校のそれには、「思春期になると異性への関心が芽生える」と記述されています。

この記述は、ナンセンスです。関心が芽生える相手は異性だけじゃないと訴える声が出るのは、当然です。

けれど、文部科学省は、この記述を改訂しませんでした。「保護者や国民の理解などを考慮すると難しい」が理由でした。

◇

２０１９年春、「東京レインボープライド２０１９」が開かれ、およそ20万人が参加しました。テーマは、これでした。

「I HAVE PRIDE」、あるがままを誇ろう。

そのテーマに込めた思いが、ホームページに描かれていました。LGBTのみなさんの思いと、TENGAの思いは共通しています。なので、ここに、全文を引用させていただきます。なお、「LGBTQ＋」は、自分の性的指向や性自認に疑問を持っていたり、迷ったり、悩んだりしている人たちなど、さまざまな性の多様性を含めた人たちのことを表現する言葉です。

いまから50年前、１９６９年6月28日。

ニューヨークのゲイバー「ストーンウォール・イン」で、ゲイ（今でいうところのLG

BTQ＋）たちが警察の手入れに対し初めて抵抗し、それは数日間にわたる暴動に発展しました。いわゆる「ストーンウォールの反乱」です。抑圧されることが当たり前だった世界で、平等な権利を求める活動の始まりでした。当時のスラングで「さりげなくゲイであることをほのめかす」ことを、「ヘアピンを落とす（to drop a hairpin）」と表現していたことから、この反乱は「ヘアピンの落ちる音が世界に響きわたった」と伝えられました。「私には、PRIDEがある」。その衝撃は大きな波紋を呼び、1年後には現在のプライドパレードの起源となるデモ行進がニューヨークなどで行われました。LGBT運動の大きな転換点として、「ストーンウォールの反乱」は歴史に名を残すことになりました。

そして25年後、1994年8月28日。

日本で初めてとなるプライドパレードが、東京で開催されました。約1000人が新宿中央公園から渋谷・宮下公園までをレインボーフラッグを掲げて行進しました。「8月28日」という日は、1963年に、マーティン・ルーサー・キング牧師らが中心となって人種差別撤廃を求めて行進し、あの「I Have a Dream」の演説が行われたことでも有名な「ワシントン大行進」と同じ日でした。

ふたたび25年の時が流れた、2019年。

『東京レインボープライド2019』のテーマは、「I HAVE PRIDE」。私たちは、ひとりひとりが「PRIDE」を持っています。私たちは、異常でも、病気でもありません。恥ずべき存在でも、嫌悪される存在でもありません。ひとりひとりの「PRIDE」が尊重され、輝いていくこと。そして、「私＝I」から「私たち＝We」へ、「PRIDE」が結びついていくこと。25周年と50周年という記念すべき年に「PRIDE」の原点に立ち戻り、らしく、たのしく、ほこらしく、手に手をとって、これからも行進を続けていきましょう。いつの日か、真に公平で寛容な、すべての人があるがままを誇れる、愛にあふれる社会が実現する、その日を夢見て。

◇

TENGAの社長、松本光一さんに再登場願い、総括していただきましょう。

「世の中は、少し変わってきました。女性が性に向き合うことを発言するアメリカの女優さんがいます。男女平等が進んでいるはずのアメリカで、ＭｅＴｏｏ運動が起こり、世界に広がっています」

ＬＧＢＴという言葉は、いまでは大人ならだれもが知っている。多様性という言葉が使われるようになりもました。人それぞれに自分というものがあって、人それぞれに楽しみや感じることがあって、それぞれが多様性を認め合う。その中に性的欲求もあると認めることも恥ずかしいことではないよね、という考え方も出てきました」

「でも、ボクらが言ってきていることは昔から変わっていません。性は根幹欲求なのだから、そこが豊かになることは幸せですよね、ということです。性＝エロ、ではないんですよ。性生活を豊かにすることは人間にとって家族にとって、とても幸せで、おおらかで良いことですよ、と。そういうことを実現します、と。それは、いまも変わっていません」

「変わっているとすれば、世の中に伝わりやすくはなった、ということです。私たちが、『性生活が豊かになることはいいことですよね』と問いかけると、『そうだよね、大事だよね』と思ってくださるようになった。そう思っていただける方を、もっともっと増やしたい」

「2019年に大丸梅田さん、そして、有楽町の阪急さんに、出店させていただきました。デパートに出せるということは、信頼を勝ちえることになると思っています。来る人来る人が、いろんな性的な相談をしてくれて、うちのスタッフが真剣に答え、グッズを買っていただく。目指している『性を表通りに』のうちの1個がかなった、そんな気持ちです。TENGAはこういうことを言いたいんだと発信する聖地にしていきたい」

松本さんは、時間があれば、これらの店に行くようにしているという。そして、店に来たお客さんと話をする。それが、めちゃくちゃ楽しいのだとか。

「お客様に、アダルトショップには入れなかったけれど、デパートならふつうに来ることができるので、うれしいと言ってくださる。そして、アダルトグッズをふつうのものとして選んでいただく。自分用して、知人へのギフトとして買っていただく。それは、私が目指してきたことです」

「うれしいことは、まだまだあります。デパートに行ってアダルトグッズを買おうとしたら、店員さんが、あまりにまじめに説明してくれるので驚いた。そんな感想をSNSに上げていただくことです」

では、あらためて、社長として、何を大切にしていきますか。

「会社の経営で大切なのは、信念と覚悟ですが、正義であることも大切だと思うんです。人を傷つけない、悪いことはしない、と。自分たちが絶対的に良いと思うことを提供する、そんな正義を貫いて人に幸せになってもらう。そうでなければダメです」

「正義とは、おかしいことに声をあげることです。性別、国籍、年齢に関係なく、マスターベーションをするのは個人の自由だよね、と。年をとった人は性欲がない、と言われてしまっているけど、それはおかしいよね、と。障がいがある人は性欲がないと言われてしまっているけど、それはおかしいよね、と。その間違いをただす正義を貫いていきます」

エピローグ

あれは2018年の秋のことでした。

この本の第一章「ジャンヌ・ダルクたち」にご登場いただいた森下香苗さんから、時間をください、と連絡をもらいました。

知り合いでしたので、よろこんでー、と。

森下さんと、「ジャンヌ・ダルク」にご登場いただいた工藤まおりさん、西野芙美さんの3人が、来られました。

私は、TENGAという存在だけは、知っていました。でも、手に取ったことはありませんでした。

私は1963年生まれ。アダルトなものに、たくさんお世話になってきました。そして、アダルトなものの変遷を見てきました。

少年時代は、アダルトな雑誌を、こそこそ見ました。18歳になってからは、ときどき、映画館に、にっかつロマンポルノを見に行きました。家庭用のビデオが普及したので、アダルトビデオを見ました。女優のみなさんには、尊敬と感謝しかありません。

けれど、アダルトグッズを使ったことはありませんでした。エロいぞ、エロいぞ、と言っているように見えるグッズは、興ざめします。

さて、私の前にすわる女性3人。大まじめに、笑顔いっぱいに話す姿に、私は共感しました。

TENGAは、「典雅」だと知りました。性を表通りに、というスローガンに興味を持ちました。

「私たちは、大まじめに活動しています」

持ってきていただいたグッズを見ました。しっかり製造元と販売元が書いてあることに驚きました。問い合わせ先として、お客様相談センターの電話番号も記されていました。

注意書きを読んで、思わず笑ってしまいました。

・幼児の手のとどかないところに保管してください。

それはそうですよねえ。こうもありました。

・誤って口などに入れた場合の責任は負いかねます。

入れることができるほど大きい口を持っている人は、「びっくり人間」です。その昔、伝説となった「口裂け女」なら入るでしょうか。

女性用のグッズもあります、と紹介してくれました。口紅みたいな形でした。私がアダルトビデオで見てきた女性用グッズとは、まるっきり別ものでした。

さらに、不妊に悩む人たちを助ける商品も開発していると知りました。

TENGAのオフィスを訪ねて、みなさんに、お話をうかがいました。

松本社長の、ものづくりへの愛。感動しました。

女性広報のみなさん。笑顔の裏にある、さまざまな思いに、強さを感じました。

ｉｒｏｈａをつくった理由と苦労を知り、男目線で生きていた自分を反省しました。

あの西洋の女性は、だれだ？　バルセロナからやってきたんですか、でも、なぜ？

みなさんのことを、朝日新聞デジタルで私が連載しているコラムで４回にわたって連載しました。でも、書き足りません。そして、ＴＥＮＧＡの社内の取材だけにとどまっていいのか、と思いました。よし、本にしよう。

医療、ＮＰＯ、障がい者……。何人かにお目にかかりました。

ｉｒｏｈａは本当に女性の心を解放しているのかを知りたくて、女性３人にも話をうかがいました。

どんな話を聞けたのかは、本の中に書いてありますので、ここでは割愛させていただきます。

ご協力いただいたすべての方、本当にありがとうございました。

「性を表通りに、誰もが楽しめるものに変えていく」

そのキャッチフレーズには、愛、自由、そして平等がありました。フランス革命のようだと思いました。

ただし、人を傷つけない革命です。

日本の現状を見ると、この革命が必要です。

形のうえでは、女性活躍を言う。けれど、女性が望む夫婦別姓は認めないエラい人たち。選択する自由を認めないエラい人たち。伝統的な男目線の考え方に、凝り固まっているエラい人たち。

いつまで男目線をつづけるんですか？（これは、自分への問いかけでもあります）

障がいがある方を差別する人たち。大量殺人事件まで起きてしまいました。障がいがある方の生きていく権利の無理解に、あぜんとします。

ＳＮＳの世界では、炎上、炎上、また炎上。人の心をえぐりとるような、恐ろしい言葉のオンパレードです。

国と国との外交でも、不寛容がまかり通っています。悪いのはあっちの国だ、と対立をあおっています。自分たちは優れている、偉大である。あっちの国民は、劣っているという構図をつくってしまっています。

みなさん、いかがでしょう。やさしくなりませんか。心を和らげませんか。相手を尊重しませんか。み～んな平等なんですよ。

こんなことを書くなんて、私は僭越だと自覚しています。けれど、TENGAの、心やさしい革命を取材していて、書かなければならないと思った次第です。

昔から性は秘め事でした。もちろん、いまも秘め事ではあります。けれど、人間すべからく、人に危害や迷惑をかけない限り、個人の快楽、心地よさを求める自由を持っています。愛を確かめ合うのも自由です。性のことで悩んでいるなら、堂々と相談すればいいのです。

TENGAは民間企業です。当然、売り上げ、利益は追求しています。2020年は、商品を売り出して15周年です。北海道のロケット会社「インターステラテクノロジズ」と手をとりあってのプロジェクトが始まりました。このロケット会社には、堀江貴文さんが「ファウンダー」として加わっています。北海道の大樹町から、「TENGAロケット」が宇宙に打ち上げられる予定です。

ＴＥＮＧＡは快進撃をつづけています。

けれど、その快進撃を支えているのは、ＴＥＮＧＡにかかわるすべての人の熱い魂です。愛、自由、平等。そんな言葉であふれた、生きやすい社会。その実現のために、性という、ちょっと昔まで完全タブー視されていた分野で立ち上がったのですね。

フォロー・ミー
みなさんにそう言われている気がして、私は、静かについていくことにしました。56歳のくせに……。

あっ、しまった。ＴＥＮＧＡのみなさんに怒られそうです。

年齢なんて関係ないんでしたね。

２０２０年3月

中島 隆

中島隆（なかじま・たかし）

1963年生まれ。朝日新聞の編集委員。大学時代は応援部で学ランの日々。いまは「中小企業の応援団長」を自称している。著書に『魂の中小企業』（朝日新聞出版）、『女性社員にまかせたら、ヒット商品できちゃった』（あさ出版）『塗魂』（論創社）、『ろう者の祈り』（朝日新聞出版）。

写真提供：朝日新聞社

愛・自由・平等　心やさしき闘士たち　TENGAの革命

2020年4月20日　初版第1刷印刷
2020年4月30日　初版第1刷発行

著　者　中島　隆
発行者　森下紀夫
発行所　論 創 社
東京都千代田区神田神保町2-23　北井ビル
電話 03（3264）5254　振替口座 00160-1-155266
装丁　奥定泰之
組版　フレックスアート
印刷・製本　中央精版印刷
ISBN978-4-8460-1921-1　